计算机系列教材

吕高焕 编著

可编程逻辑器件原理与设计

清华大学出版社
北京

内 容 提 要

本书由浅入深、循序渐进地介绍可编程逻辑器件的基本原理、内部结构和设计方法，系统地介绍了用于 CPLD/FPGA 开发的 VHDL 语言。对于可编程器件的基本原理，首先从基本逻辑门出发，讲述控制逻辑函数表达式的设计与分解，然后详细介绍 SPLD（包括 PLA 和 PAL）、CPLD 和 FPGA 的组成原理及其区别。对于 VHDL 语言，则先从 VHDL 基本元素、基本语法、描述模型开始，依次讲解并行语句、顺序语句、元件、库和包、有限状态机等，并配有丰富的实例，有助于学习者对概念的理解和用法的掌握。

本书适合于学习芯片设计的理工科学生和 VHDL 初学者，可作为高等学校电子类专业的选修教材或有志于研发数字集成电路芯片的工程技术人员的参考书。

本书封面贴有清华大学出版社防伪标签，无标签者不得销售。
版权所有，侵权必究。举报：010-62782989，beiqinquan@tup.tsinghua.edu.cn。

图书在版编目(CIP)数据

可编程逻辑器件原理与设计/吕高焕编著. —北京：清华大学出版社，2016 (2024.1重印)
（计算机系列教材）
ISBN 978-7-302-45647-6

Ⅰ.①可… Ⅱ.①吕… Ⅲ.①可编程序逻辑器件－高等学校－教材 Ⅳ.①TP332.1

中国版本图书馆 CIP 数据核字(2016)第 270208 号

责任编辑：白立军
封面设计：常雪影
责任校对：李建庄
责任印制：杨 艳

出版发行：清华大学出版社
网　　址：https://www.tup.com.cn, https://www.wqxuetang.com
地　　址：北京清华大学学研大厦 A 座　　邮　编：100084
社 总 机：010-83470000　　邮　购：010-62786544
投稿与读者服务：010-62776969, c-service@tup.tsinghua.edu.cn
质量反馈：010-62772015, zhiliang@tup.tsinghua.edu.cn
课件下载：https://www.tup.com.cn, 010-62795954

印 装 者：三河市人民印务有限公司
经　　销：全国新华书店
开　　本：185mm×260mm　　印　张：13.5　　字　数：329 千字
版　　次：2016 年 10 月第 1 版　　印　次：2024 年 1 月第 8 次印刷
定　　价：39.00 元

产品编号：071732-02

《可编程逻辑器件原理与设计》 前 言

微电子技术的飞速发展，不仅加快了微处理器的速度，增强了信号处理电路的功能，扩大了系统的存储容量，也推动了可编程逻辑器件(Programmable Logic Device, PLD)在数字电子设计中的广泛应用。借助于常用的集成了各种优化算法的电子设计自动化(Electronic Design Automation, EDA)软件，PLD 开发人员可以优化设计电路，在较短的时间内实现用户需求。基于此，PLD 原理与电子设计自动化技术成为了电子设计人员进行高效电路设计的基础，在电子类相关专业中开设该课程是必不可少的。

PLD 分为简单可编程逻辑器件(Simple PLD, SPLD)、复杂可编程逻辑器件(Complex PLD, CPLD)和现场可编程门阵列(Field Programmable Gate Arrays, FPGA)3 类。这 3 类器件出现时间由先到后，容量由低到高。SPLD 最早出现在 20 世纪 70 年代，由 Phillips 公司制造出第一个可编程逻辑阵列开始，其应用市场不断扩大，但可编程开关、逻辑平面设计的复杂性限制了其进一步发展。随着电子制作工艺的不断改进，出现了 CPLD，它实际上就是将 SPLD 通过内部连线组合起来，扩大了芯片容量。SPLD 和 CPLD 都是基于与平面和或平面的。随着设计需求规模的不断扩大，工程师设计出了 FPGA，它不再是基于逻辑平面的概念，而是使用可配置逻辑块，不仅扩大了芯片容量，也提高了设计的灵活性。由于 CPLD 和 FPGA 的结构不同，因此电路的设计优化算法亦不相同。为了统一两者的开发方式，工程师们研究了与硬件无关的 VHDL、Verilog HDL 语言。使用 VHDL 和 Verilog HDL 语言，开发人员借助于 EDA 软件，对不同类型的器件采用相应的优化综合算法，方便了电路的设计和开发。本书介绍 VHDL 语言在 PLD 中的设计方法。

本书可分两部分：第一部分是从第 1 章到第 4 章，讲述 PLD 的基本原理；第二部分是从第 5 章到第 11 章，讲述 VHDL 语言在电路设计中的基本语法及典型应用。

第 1 章到第 4 章，从基本逻辑门出发，介绍了构成逻辑函数表达式的基于 CMOS 器件的电路结构及设计方法，它是理解 SPLD、CPLD、FPGA 等复杂电路的基础。对于 SPLD，详细介绍了可编程逻辑阵列(Programmable Logic Array, PLA)和可编程阵列逻辑(Programmable Array Logic, PAL)的原理，并以此为基础，介绍了 CPLD。对于 FPGA，则重点介绍逻辑块和可编程开关的原理，并结合不同厂家的 FPGA 结构进行介绍。

第 5 章到第 11 章，由浅入深、循序渐进地介绍了 VHDL 语法要素、描述模型、并行语句、顺序语句、元件、包库和有限状态机。在讲解过程中结合常见的基本逻辑电路，强化读者对概念的理解和设计理念的把握。

　　CPLD/FPGA技术发展日新月异，新技术、新工艺、新算法、新软件层出不穷，虽然本书在撰写过程中力求加入最新的资料，但仍有些地方赶不上工艺的发展，因此本书重点讲述原理和基础，使读者在面对新工艺或新技术时能灵活理解其基本原理。在讲述VHDL过程中，本书力求基于语法原理介绍电路设计中各模块间"相互独立、各尽其责"思想，启发读者面对大型设计时能够自上而下地合理划分设计模块，采用模块化、层次化思想实现设计需求。

　　本书在撰写过程中，参阅了大量的国内外网站，以及与本课程相关的教育工作者和技术培训人员的相关幻灯片及技术资料；同教研室的郝金光老师、徐明铭老师、石磊老师提出了很多宝贵的意见；本书底稿讲义在十余年的科研培训、教学中不断得到补充和发展，学员们提出了各种有助于学习和理解的建议；在写作过程中作者得到清华大学出版社白立军编辑的热情帮助。在此一并向他们表示崇高的敬意和深深的感谢。

　　限于作者水平，书中错误之处在所难免，恳请读者批评指正。

作　者

2016年7月

《可编程逻辑器件原理与设计》目 录

第 1 章 绪论 /1
    1.1 可编程逻辑器件与数字电路设计 /1
    1.2 可编程逻辑器件的发展 /2
    1.3 可编程逻辑器件设计 /7
        1.3.1 电子设计自动化 /7
        1.3.2 电子设计自动化的发展 /8
        1.3.3 EDA 工具的主要特征 /9
        1.3.4 有代表性的 EDA 软件 /11
        1.3.5 设计方法 /13
        1.3.6 设计流程 /14
    思考题 /17

第 2 章 数字逻辑 /18
    2.1 基本逻辑门及其运算 /18
    2.2 基本扩展逻辑门 /19
    2.3 逻辑门的扩展 /20
    2.4 基本逻辑门的实现 /23
        2.4.1 MOS 管 /23
        2.4.2 非门的 CMOS 实现 /25
        2.4.3 基本与非门的实现 /25
        2.4.4 基本或非门的实现 /26
        2.4.5 逻辑函数表达式的 CMOS 实现 /26
    思考题 /28

第 3 章 可编程逻辑器件原理 /29
    3.1 简单可编程逻辑器件 /29
        3.1.1 可编程逻辑阵列 /29
        3.1.2 可编程阵列逻辑 /30
    3.2 复杂可编程逻辑器件 /32
        3.2.1 Altera MAX 系列 CPLD /33

3.2.2　AMD MACH 系列 CPLD　/34
3.2.3　Lattice pLSI 和 ispLSI 系列 CPLD　/35
3.2.4　Xilinx XC 7000 系列 CPLD　/36
3.2.5　Altera FlashLogic　/36
3.3　现场可编程逻辑门阵列　/37
3.3.1　逻辑块　/39
3.3.2　可编程开关　/43
3.3.3　典型 FPGA 内部结构　/48
3.4　CPLD 和 FPGA 比较　/51
思考题　/53

第 4 章　图形和文本输入　/54

4.1　Altera Quartus Ⅱ 9.0 工作环境　/54
4.1.1　基于工程的管理环境　/54
4.1.2　工程设计工具　/55
4.2　图形输入法　/56
4.2.1　4-1 选择器　/56
4.2.2　建立工程　/56
4.2.3　电路设计　/60
4.2.4　利用 4-1 选择器设计 8-1 选择器　/66
4.3　文本输入法　/69
4.4　配置文件下载　/69
思考题　/71

第 5 章　VHDL 基础　/72

5.1　对象　/72
5.1.1　对象命名规则　/72
5.1.2　对象声明规则　/72
5.1.3　常量　/73
5.1.4　信号　/74
5.1.5　变量　/75
5.1.6　别名　/76

5.2 标准数据类型 /77
   5.2.1 bit /77
   5.2.2 bit_vector /77
   5.2.3 boolean /78
   5.2.4 boolean_vector /78
   5.2.5 integer /78
   5.2.6 natural /79
   5.2.7 positive /79
   5.2.8 integer_vector /79
   5.2.9 character /79
   5.2.10 string /80
5.3 标准逻辑数据类型 /80
5.4 数值表达方法 /82
5.5 数据类型转换 /83
5.6 自定义数据类型 /84
   5.6.1 自定义整数类型 /84
   5.6.2 枚举类型 /85
   5.6.3 子数据类型 /85
   5.6.4 数组类型 /85
5.7 预定义属性 /86
   5.7.1 标量数据类型的预定义属性 /86
   5.7.2 数组类型的预定义属性 /87
   5.7.3 信号的预定义属性 /88
5.8 VHDL 中的运算 /88
   5.8.1 赋值运算符 /89
   5.8.2 逻辑运算符 /89
   5.8.3 算术运算符 /90
   5.8.4 关系运算符 /90
   5.8.5 移位运算 /91
   5.8.6 合并运算符 /91
   5.8.7 运算符的优先级 /92
思考题 /92

第6章 VHDL语言的程序结构 /93
6.1 VHDL 设计模型 /93
6.1.1 数据流模型 /93
6.1.2 行为模型 /93
6.1.3 结构化模型 /94
6.2 VHDL 程序结构 /94
6.2.1 实体 /95
6.2.2 架构 /97
6.2.3 库和包 /98
6.2.4 配置 /100
6.3 简单的例子 /100
思考题 /104

第7章 并行语句 /105
7.1 简单信号赋值语句 /105
7.2 条件信号赋值语句 /110
7.3 选择信号赋值语句 /114
7.4 产生语句 /118
7.5 块语句 /121
7.6 多驱动源赋值问题 /123
思考题 /124

第8章 顺序语句 /125
8.1 锁存器和触发器 /125
8.2 进程 /127
8.3 IF 语句 /128
8.3.1 IF…THEN…END IF /128
8.3.2 IF…THEN…ELSE…END IF /129
8.3.3 IF…THEN…ELSIF…THEN…END IF /129
8.3.4 IF…THEN…ELSIF…THEN…ELSE…END IF /130

8.3.5 嵌套式 IF 语句 /133
8.4 CASE 语句 /138
8.5 WAIT 语句 /141
8.6 LOOP 语句 /143
　　8.6.1 无条件循环 /143
　　8.6.2 FOR…LOOP 循环 /143
　　8.6.3 WHILE…LOOP 循环 /146
　　8.6.4 LOOP…EXIT 循环 /146
　　8.6.5 LOOP…NEXT 循环 /147
8.7 寄存器的引入问题 /147
8.8 信号和变量的再讨论 /148
思考题 /155

第 9 章　元件　/156

9.1 元件的声明 /156
9.2 元件例化 /157
9.3 元件声明和例化方法 /157
思考题 /172

第 10 章　库、包与子函数　/173

10.1 库 /173
10.2 包 /174
10.3 子程序 /177
　　10.3.1 函数 /178
　　10.3.2 过程 /181
10.4 过程、函数和进程讨论 /185
　　10.4.1 子程序与进程 /185
　　10.4.2 函数与过程 /186
思考题 /186

第 11 章　有限状态机　/187

11.1 FSM 的系统图和状态图 /187

11.2　FSM 的编程框架　/188
11.3　Moore 型 FSM 设计　/189
　　11.3.1　系统图设计　/189
　　11.3.2　状态机描述　/189
　　11.3.3　编程实现　/190
11.4　Mealy 型 FSM 设计　/191
11.5　综合设计　/193
11.6　FSM 中的问题　/200
思考题　/201

附录 A　VHDL 中的保留字　/202

附录 B　缩略语　/203

参考文献　/204

第 1 章 绪 论

可编程逻辑器件(Programmable Logic Device,PLD)的出现极大地改变了电子工程师的电路设计方式和理念,它同电子设计自动化(Electronic Design Automation,EDA)软件一起,改善了设计过程,缩短了产品的开发周期,提高了设计质量。本章将介绍 PLD 的历史及发展概况,PLD 的设计方法和设计工具、设计流程等。

1.1 可编程逻辑器件与数字电路设计

在早期的电路设计中,使用分立元件搭建各种逻辑门,不仅费时、费力,而且调试时非常麻烦,生产周期长、投入成本高、实现的逻辑功能也相对简单,而且占据面积大,在实际应用中很不方便。

随着集成电路工艺的发展,出现了小规模的集成电路。小规模集成电路的发展大幅降低了基于分立元件的设计过程和设计成本。通常采用已有的集成电路芯片,如74H00、74LS32、74HC14 等根据电路图直接组成控制逻辑电路,然后在此基础上生产印制板,最后将相关逻辑器件焊接到印制板上,通过调试、修改,直到定型,实现所需要的功能。但由于其规模小,门数有限,只能实现简单的控制逻辑,而且执行速度慢、耗能大。另外,由于设计中需要大面积的印制板,虽然可通过简单的电路仿真验证电路的功能,但在调试过程中仍然需要投入大量的人力和物力。

大规模集成电路的出现使电路设计过程出现了质的飞跃,它改变了人们以往的电路设计理念。通常大规模集成电路的设计分两类,一类是以单片机和数字信号处理器为代表的微处理器设计,它通常是通过编码的形式使微处理器完成一定的控制和计算功能。该方法通过微处理器辅以外围电路实现对外围信号的处理。微处理器通过逐句执行软件指令实现,其专长是处理非常复杂的数学运算任务。这种系统是通过软件控制实现的,其特点是易编程(通常使用标准 C),有固定的数据位宽,例如 24 位加法器,但这种情况下对 5 位加法实现效率不高;另外芯片资源受限,不易扩展。另一类是以现场可编程门阵列(Field Programmable Gate Arrays,FPGA)为代表的 PLD 系统设计,它通常通过编程、综合后实现控制逻辑电路,包括组合逻辑和时序逻辑。该方法直接将逻辑函数以电路的形式在 PLD 中实现,执行速度快,耗能少。它有大量的引脚和逻辑门容量,可以用来实现大部分的数字电路。这些器件都需要硬件描述语言编程实现控制逻辑功能。PLD 有大量的门和资源,但不支持浮点运算,需要自定义实现。早期它在计算应用方面有较大的局限性,但目前这些器件都可以内嵌 IP 核和嵌入式微处理器,弥补了计算功能上的不足,是当前数字电路设计的主流。

复杂可编程逻辑器件(Complex PLD,CPLD)的发展极大地改变了数字器件的设计过程。以往的设计是板级设计,使用各种包含基本逻辑门的简单芯片组成,而现在的数字产品都使用高度密集的集成电路。目前的集成电路技术,不仅可以完成自定义配置处理器、存储器等,还可以生成逻辑电路,诸如状态机控制器、计数器、寄存器、解码器和编码器等。当这些器件需要组成更大的系统时,设计人员可将它们集成入更高密度的门阵列。但初期的门阵列生产周期长、费用大,并不适合生产原型机和其他低成本产品,因此人们研究了现场可编程逻辑器件(Field Programmable Logic Device,FPLD)。FPLD 的最具竞争力的优势是低成本、低商业风险。由于器件的编程是现场的,因此它有较短的生产制造周期,且易于在线更改设计,及时发现设计缺陷,改进设计。

在过去的几十年里 FPLD 的市场得到迅猛发展。很多芯片供应商可提供多种不同的器件系列供设计人员选择。为选择一种产品,设计人员需了解设计的规模、器件的性质等,以充分利用器件,达到最优性价比。另外,还需要学习相关的编程语言和编程软件。为此,本书将对 PLD 的原理(电路基础)、PLD 的设计工具(EDA 技术)、PLD 的设计方法(图形化和 VHDL 编程)等从理论和工程上进行系统的介绍。

1.2 可编程逻辑器件的发展

PLD 市场有低容量和高容量器件两部分。低容量器件称为简单可编程逻辑器件(Simple PLD,SPLD),通常包含低于 600 个可用门,系列产品包括可编程逻辑阵列(Programmable Logic Arrays,PLA)、可编程阵列逻辑(Programmable Array Logic,PAL)、通用阵列逻辑(General Array Logic,GAL)等。SPLD 的工艺为 CMOS 工艺,提供 EPROM、EEPROM 和 Flash 存储单元。通常将门数高于 600 的 PLD 称为高容量器件,包含 CPLD 和 FPGA。高容量器件使用 CMOS 工艺,可选 EPROM、EEPROM、Flash、SRAM 和反熔丝技术。高容量器件可通过内连结构区分,CPLD 使用连续内连结构,而 FPGA 使用分段内连结构。图 1.1 展示了 PLD 的分类图。

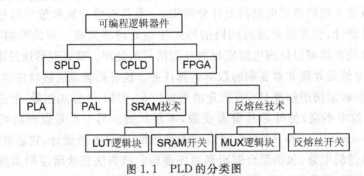

图 1.1　PLD 的分类图

SPLD 是早期的 PLD,其设计框架如图 1.2 所示。这类 PLD 的共同点是使用 AND 平面和 OR 平面两级实现。这两级平面至少有一级是可编程的。

第一个可实现自定义逻辑电路的用户可编程芯片是可编程只读存储器(Programmable Read-Only Memory,PROM),其中,地址线作为逻辑输入,数据线作为输出,逻辑函数仅需要几个乘积项,如图 1.3 所示。PROM 包含一个译码器作为地址输入,在 AND 平面上是全编码的,它对实现逻辑电路效率不高,因此很少有设计人员用它来实

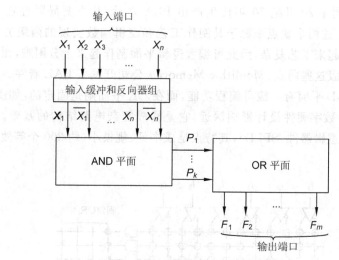

图 1.2 SPLD 框架图

现逻辑功能。

第一种真正意义上的可编程逻辑器件是 PLA。PLA 包含两级逻辑门：一级是可编程的 AND 平面；另一级是可编程的 OR 平面。PLA 的这种结构可使任意输入（或它们的非逻辑）在 AND 平面以乘积项的形式输出，如图 1.4 所示。通过配置 OR 平面，产生任意的控制逻辑函数。这种结构下，PLA 比较适合逻辑函数表达为乘积和的形式的电路实现。

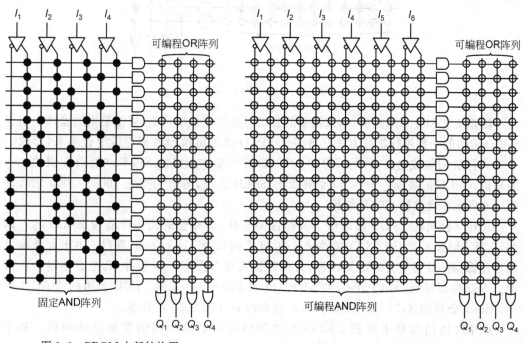

图 1.3　PROM 内部结构图　　　　图 1.4　PLA 内部结构图

在 Phillips 公司于 20 世纪 70 年代生产出 PLA 之后，其主要局限性在于其造价高昂，速度性能不佳。这两个缺点来源于其制作工艺和逻辑函数实现的两级方案。由于可编程逻辑开关制作起来工艺复杂，因此可编程逻辑平面制作起来十分困难，而且伴有显著的传输延时。为克服这些弱点，Monlithic Memories 公司开发了 PAL 器件。在该类器件的结构中，仅在 AND 平面有一级可编程功能，而在 OR 平面则是固定的，如图 1.5 所示。PAL 器件的引入对数字硬件设计影响深远，它是构成复杂电路结构的基础。PLA、PAL 都归为简单可编程逻辑器件（SPLD），其特点是成本低、规模小（约 200 个等效门）、端口间延时相对较小等。

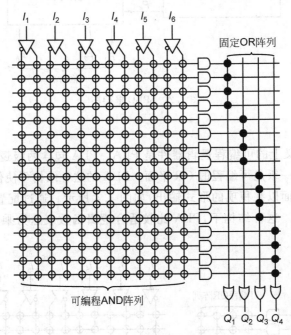

图 1.5　PAL 的内部结构

随着工艺和技术的发展，越来越多的公司可生产集成度更高、容量更大的器件。基于 SPLD 结构的一种可行扩展方法是将多个 SPLD 通过可编程内部连线组合起来，形成一个更大容量的集成电路，称为 CPLD。CPLD 元件基本上是由 SPLD 块组合而成的。一般来说，CPLD 的规模一般在 50 个典型的 SPLD 之上，等效门数在 1000～7000 之间。图 1.6 展示了典型的 CPLD 结构。

Altera 公司在 CPLD 领域做了开拓性的工作，其首创的代表产品为 EPLD 芯片系列，包括 MAX 5000、MAX 7000、MAX 9000 系列以及 FlashLogic 系列。由于大规模可编程逻辑器件日益增大的市场因素，其他制造商也开发 CPLD 器件，其中有些器件在市面上可以购买得到，如 Cypress 的 Max 340 及 Flash 370 系列，AMD 公司的 MACH 系列，Xilinx 公司的 XC 7000 系列、Lattice 公司的 ispLSI 3000 系列等。

CPLD 使用几种不同的 CMOS 工艺和结构以解决不同的逻辑设计问题。基于 EPROM、EEPROM、Flash 的器件，例如 Altera Classic MAX 5000、MAX 7000、MAX 9000 以及 FlashLogic 系列产品，使用乘积项结构适于做组合逻辑设计，这类器件是可编

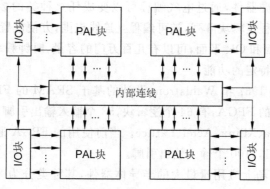

图 1.6 典型的 CPLD 结构

程的且非易失性的。基于 SRAM 的 CPLD，例如 Altera FLEX8000 系列，使用查找表结构，适于做时序逻辑电路设计，这类器件支持在线重配置功能。

CPLD 在设计需要使用大量的 AND/OR 门且不需要大量的触发器电路时有很大优势。通常用于图形控制器、LAN 控制器、UART 和 Cache 控制等。其优点是易于在系统编程、电路实现可预期、速度快。

为提高设计质量，改善电路性能，提高系统集成度，工程师们又研究了新型的芯片结构设计方法，可编程门阵列是其中最有代表性的技术之一。早期出现的可编程门阵列逻辑芯片是掩膜可编程门阵列(Mask Programmable Gate Arrays，MPGA)。一个 MPGA 由预制晶体管阵列组成，这些阵列通过内部连线实现用户逻辑电路。但这种器件造时长、成品周期长、花费高。随后出现的是 FPGA，它是由一组电路单元(逻辑块)和内部联系组成，其最终逻辑功能是通过对配置逻辑块编程获得。图 1.7 展示了一个典型的 FPGA 结构。

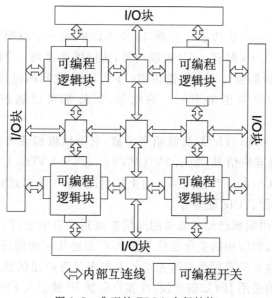

图 1.7 典型的 FPGA 内部结构

该结构使用预制硅器件，通过电气编程可以变成任意种类的数字电路或数字系统。它含有非常大的可编程逻辑块阵列，被可编程互连线包围，方便放置和布线。FPGA使用逻辑块代替 AND 平面和 OR 平面，可以有几百万门的容量，时钟频率可达 500MHz，可通过终端用户编程实现特定的功能。

第一颗 FPGA 是 1967 年 Wahlstrom 设计的基于 SRAM 的 FPGA。1984 年 Xilinx 设计了具有现代意义的 FPGA，有 64 个逻辑块，58 个输入输出引脚。当前的 FPGA 生产商主要有 4 个：Altera、Xilinx、Actel、Lattice。当前使用的 FPGA 通常超过 30 万个逻辑块，约 100 万个等效门，1100 个输入输出引脚。

FPGA 是目前市场上应用量最大的半导体器件，其种类分为 SRAM 和反熔丝两大类。前者生产商以 Altera、Xilinx 为代表，后者生产商以 Actel、QuickLogic 和 Cypress 为代表。

Altera FPGA 分为两大类：一种侧重低成本应用，其特点是容量中等，性能可以满足一般的逻辑设计要求，如 Cyclone、Cyclone Ⅱ；还有一种侧重于高性能应用，其特点是容量大，性能能满足各类高端应用，如 Stratix、Stratix Ⅱ 等，用户可以根据自己实际应用要求进行选择。在性能可以满足的情况下，优先选择低成本器件。

Altera FPGA 的最基本的资源是逻辑单元(Logic Element，LE)，一个 LE 主要包括一个四输入查找表(Look-Up Table，LUT)，从数据存储角度看，LUT 本质上就是一个随机存储器(Random Access Memory，RAM)。目前 Cyclone 系列使用四输入的 LUT，所以每一个 LUT 可以看成一个有 4 位地址线的 16×1 的 RAM。当用户用程序描述了一个逻辑电路以后，FPGA 开发工具会自动计算逻辑电路的所有可能的结果，并把结果事先写入 RAM，这样，每输入一个信号进行逻辑运算就等于输入一个地址进行查表，找出地址对应的内容，然后输出即可。除了一个四输入查找表以外，还有一个可编程寄存器，可以通过程序来配置为异步或者同步触发器。通常看 Altera 的 FPGA 资源大小，就是看芯片中有多少个 LE。

例如，Altera Cyclone 系列芯片里面 16 个 LE 组成一个逻辑阵列块(Logic Array Block，LAB)，而每个 LAB 都有 LAB 控制信号，按照顺序排列在 FPGA 内部，每个 LAB 内部之间的 LE 数据通信通过寄存器链传输，每个 LAB 之间的通过纵横两个通道互连，相互连接的 LAB、LAB 周围的 RAM、乘法器、PLL 都可以通过纵横线驱动其周围的 LAB。

FPGA 的输入输出端口(I/O)资源相当丰富，它可以根据参考电平(REF)不同接收或输出不同的电平标准的信号，如 3.3V LVTTL、2.5V LVDS、LVPECL 或者 SSTL-2 等。Cyclone Ⅲ 以及 Cyclone Ⅳ 还支持片内上拉电阻、输入输出延时等。Cyclone Ⅳ GX 系列还带有高速收发器、PCIe 硬核等。

FPGA 产品的应用领域已经从原来的通信扩展到消费电子、汽车电子、工业控制、测试测量等广泛的领域，而应用的变化也使 FPGA 产品近几年的演进趋势越来越明显：一方面，FPGA 供应商致力于采用当前最先进的工艺来提升产品的性能，降低产品的成本；另一方面，越来越多的通用 IP(知识产权)或客户定制 IP 被引入 FPGA 中，以满足客户产品快速上市的要求。此外，FPGA 企业都在大力降低产品的功耗，满足业界越来越苛刻的低功耗需求。

从当前的 FPGA 发展趋势来看,众多的 FPGA 支持多种 3G、6G 和 10G 协议以及电气标准,满足兼容性要求,其结构向新的自适应逻辑模块(ALM)体系结构发展,满足大量流水线和寄存器设计的需要。目前出现的增强嵌入式存储器结构,可提高芯片的面积效率,性能更好。内嵌精度可调的 DSP 模块,可实现效率最高、性能最好的多精度 DSP 数据通路。例如,Altera Stratix V 系列器件增强功能包括 PCIe Gen3、PCIe Gen2、PCIe Gen1、40G/100G 以太网、CPRI/OBSAI、Interlaken、Serial RapidIO(SRIO) 2.0 和万兆以太网(GbE)10GBASE-R,增强了读/写通路的存储器接口包括 DDR3、RLDRAM II 和 QDR II+。另外,该类器件采用了嵌入式 HardCopy 模块。这一独特的方法使 Altera 能够迅速改变 FPGA 中的增强功能,在 3～6 个月内完成专用器件型号的开发。总之,FPGA 正朝着高容量、低功耗、系统化方向发展。

1.3 可编程逻辑器件设计

PLD 的设计是指利用 EDA 开发软件和编程工具按照设计需求对 PLD 器件进行电路设计与实现的过程。尽管 FPGA 与 CPLD 在结构上存在一定的差异,在性能上也各有所长,但是用户在使用 EDA 软件进行项目开发的过程中,FPGA 和 CPLD 的设计方法和设计流程都是相似的,没有明显的区别。在设计过程中,用户只需充分发挥所选器件的特性和片内资源,无须过多地关注器件的内部结构。

1.3.1 电子设计自动化

EDA 软件在 PLD 的实现中至关重要。典型的 EDA 软件需要实现初始设计、逻辑优化、器件适配、功能/时序仿真和配置等任务。随着电子工艺技术的飞速发展,电子系统的规模越来越大,复杂度也越来越高,目前集成电路的设计工艺已经达到 28nm 甚至更小的尺寸。因此,现代高速复杂数字系统设计已经离不开 EDA 工具。图 1.8 展示了基于 EDA 软件的 PLD 主要设计流程。

对于 SPLD 而言,设计人员可以使用原理图作为设计输入,也可应用简单的硬件描述语言,或者将这两者结合。由于初始设计逻辑实体并没有经过优化,EDA 软件系统会提供优化算法去优化电路,并提供另外的算法分析逻辑方程,并将其和通用可编程逻辑器件适配。仿真是用来验证设计结果是否正确,或者是否满足设计要求。若仿真过程中出现错误或获得的结果不满足设计要求,设计人员可返回设计输入步骤进行更改;若仿真结果满足设计需求,设计人员将编译后的设计结果加载到编程单元中配置 SPLD。在大部分 EDA 软件系统中,设计人员手动进行初始实体设计,剩余的步骤则是软件自动完成的。

CPLD 的设计步骤和 SPLD 的步骤类似,但其 EDA 工具更加复杂。由于器件规模大而且复杂,适合大规模设计。它可使用多种实体设计方法去设计电路中不同的模块。例如,可使用 VHDL 语言、Verilog HDL 语言等。另外器件适配过程依赖于 CPLD 的复杂度。CPLD 的供应商或第三方提供的 EDA 软件都需要完成图 1.8 所示的基本任务。

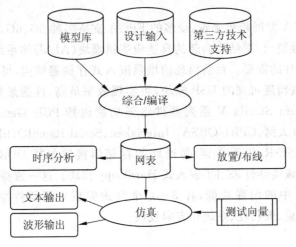

图 1.8　PLD 主要设计过程

　　FPGA 的设计和 CPLD 的过程类似,但需要附加工具支持芯片的复杂度。两者在设计过程中的主要差异在于器件适配。开发 FPGA 至少需要 3 个工具：①映射器,它将其基本逻辑转换为 FPGA 中的逻辑块；②放置器,它为需要实现的逻辑选择具体的逻辑块；③布线器,它分配连接不同逻辑块的线段。由于这些工具在进行映射、放置、布线时采用算法比较复杂,因此运行过程比较费时,设计人员在运行时需要在计算机旁等待比较长的时间,其时间长度取决于任务的规模和优化约束。

1.3.2　电子设计自动化的发展

　　从 20 世纪 60 年代中期开始,PLD 供应商和第三方软件开发商就不断开发出各种计算机辅助设计工具来帮助设计人员进行复杂电子系统的设计。电路理论和半导体工艺水平的提高,对 EDA 技术的发展起了巨大的推动作用,使 EDA 作用范围从 PCB 板设计延伸到电子线路和集成电路设计,直至整个系统的设计,也使 IC 芯片系统应用、电路制作和整个电子系统生产过程都集成在一个环境之中。根据电子设计技术的发展特征,EDA 技术的发展大致可分为 3 个阶段。

1. 计算机辅助设计阶段

　　计算机辅助设计(Computer Aided Design,CAD)阶段是从 20 世纪 60 年代中期到 20 世纪 80 年代初期。CAD 阶段的特点是工具软件的功能单一,主要针对印制板布线设计、电路模拟、逻辑模拟以及版图的绘制等,通过计算机的使用,从而将设计人员从大量烦琐重复的计算和绘图工作中解脱出来。例如,Protel 的早期版本 Tango,以及用于电路模拟的 SPICE 软件和后来产品化的 IC 版图编辑与设计规则检查系统等软件,都是这一阶段的产品。

　　20 世纪 80 年代初,随着集成电路规模的增大,CAD 技术有了较快的发展。许多软件公司如 Mentor、Daisy System 及 Logic System 等进入市场,开始供应带电路图编辑工具和编辑模拟工具的 EDA 软件。这个时期的软件主要针对产品开发，按照设计、分析、生产和测试等多个阶段，不同阶段分别使用不同的软件包，每个软件只能完成其中的一项工作，通过顺序循环使用这些软件，可完成设计的全过程。但这样的设计过程存在两个方面的问题：第一，由于各个工具软件是由不同的公司和专家开发的，只解决一个领域的问题，若将一个工具软件的输出作为另一个软件的输入，就需要人工处理，很烦琐，影响了设计速度；第二，对于复杂电子系统的设计，由于缺乏系统级的设计考虑，不能提供系统级的仿真与综合，设计错误如果在开发后期才被发现，将给修改工作带来极大不便。

2. 计算机辅助工程阶段

计算机辅助工程(Computer Aided Engineering,CAE)阶段是从 20 世纪 80 年代初期到 20 世纪 90 年代初期。这个阶段在集成电路与电子设计方法学以及设计工具集成化方面取得了许多成果。各种设计工具，如原理图输入、编译与连接、逻辑模拟、测试码生成、版图自动布局以及各种单元库已齐全。由于采用了统一数据管理技术，因此能够将各个工具集成为一个 CAE 系统。按照设计方法学制定的设计流程，可以实现从设计输入到版图输出的全程设计自动化。这个阶段主要采用基于单元库的半定制设计方法，采用门列阵和标准单元设计的各种专用基础电路(Application Specific Integrated Circuits,ASIC)得到了极大地发展，将集成电路工业推入了 ASIC 时代。多数系统中集成了印制板自动化布局布线软件以及热特性、噪声、可靠性等分析软件，进而实现电子系统设计自动化。

3. 电子设计自动化阶段

20 世纪 90 年代以来，电子设计技术发展到 EDA 阶段，其中，微电子技术以惊人的速度发展，其工艺水平达到纳米级，在一个芯片上可集成数十亿只晶体管，这为制造出规模更大、速度更快和信息容量很大的芯片系统提供了条件，但同时也对 EDA 系统提出了更高的要求，并促进了 EDA 技术的发展。此阶段主要出现了以高级语言描述、系统仿真和综合技术为特征的第三代 EDA 技术，不但极大地提高了系统的设计效率，而且使设计人员摆脱了大量的辅助性及基础性工作，将精力集中于创造性的方案与概念的构思上。

EDA 工具是以计算机为工作平台，融合了微电子技术、计算机技术和智能化技术的一种先进电子系统设计工具，汇集了计算机图形学、拓扑学、逻辑学、微电子工艺与结构学、计算数字等多种计算机应用学科的最新技术成果。

总之，EDA 开发工具经历了多年的发展，已经成为电子系统硬件设计工程师不可或缺的设计手段。随着电子信息技术的不断进步和需求的强力牵引，EDA 工具未来将会有更大的应用空间。

1.3.3 EDA 工具的主要特征

1. 逻辑综合与测试综合相结合

在 EDA 工具中，高层综合的理论与方法取得了较大进展，将 EDA 设计层次由 RTL

（寄存器传输描述）级提高到了系统级（又称为行为级），分为逻辑综合和测试综合。逻辑综合就是不同层次和不同形式的设计描述进行转换，通过综合算法，以具体的工艺背景实现高层目标所规定的优化设计。通过设计综合工具，可将电子系统的高层行为描述转换到底层硬件描述和确定的物理实现，使设计人员无须直接面对底层电路，不必了解具体的逻辑器件，从而把精力集中到系统行为建模和算法设计上。测试综合是以设计结果的性能为目标的综合方法，以电路的时序、功耗、电磁辐射和负载能力等性能指标为综合对象。测试综合是保证电子系统设计结果稳定可靠工作的必要条件，也是对设计进行验证的有效方法，其典型的有 Synplicity 公司的 Synplify pro（7.3 及以上）、Synopsys 公司的 DCFPGA，以及 Amplify、Leonardo 等综合工具。

2. 采用硬件描述语言编程

EDA 软件采用硬件描述语言，并形成了 VHDL 和 Verilog HDL 两种标准硬件语言。这两种语言均支持不同层次的描述，使得复杂集成电路的描述规范化，便于传递、交流、保存与修改，也便于重复利用。随着 VHDL 和 Verilog HDL 规范化语言的完善，设计工程师已经习惯用语言而不是电路图来描述电路。

3. 与硬件物理设计相结合

采用平面规划技术对逻辑综合和物理版图设计进行联合管理，做到在逻辑综合早期设计阶段就考虑物理设计信息的影响。通过这些信息，设计者能更进一步进行综合与优化，并保证所做的修改只会提高性能而不会对版图设计带来负面影响。这在纳米级布线延时已成为主要延时的情况下，对加速设计过程的收敛与成功是很有帮助的。在 Synopsys 和 Cadence 等公司的 EDA 系统中均采用了这项技术。

4. 可测性综合设计

随着 ASIC 的规模与复杂性的增加，测试难度与费用急剧上升，由此产生了将可测性电力结构制作在 ASIC 芯片上的想法，于是开发了扫描插入、BLST（内建自测试）、边界扫描测试（BST）、联合测试工作组（Joint Test Action Group，JTAG）等可测性设计工具，并已集成到 EDA 系统中。其典型产品有 Compass 公司的 Test Assistant 和 Mentor Graphics 公司的 LBLST Architect、BSD Architect、DFT Advisor 等。

5. 协同验证

为带有嵌入 IP 模块的 ASIC 设计提供软硬件协调系统设计工具。协同验证弥补了硬件设计和软件设计流程之间的空隙，保证了软硬件之间的同步协调工作。协同验证是当今系统集成的核心，它以高层系统设计为主导，以性能优化为目标，融合逻辑综合、性能仿真、形式验证和可测性设计，产品如 Mentor Graphics 公司的 Seamless CAV。

6. 支持并行设计工程框架

建立并行设计工程框架结构的集成化设计环境，以适应当今 PLD 电路设计中的如下一些特点：数字与模拟电路并存，硬件与软件设计并存，产品上市速度要快。这种集成化设计环境中，使用统一的数据管理系统与完善的通信管理系统，由若干相关的设计小组共享数据库和知识库，并行地进行设计，而且在各种平台之间可以平滑过渡。

1.3.4 有代表性的 EDA 软件

全球 EDA 厂商有近百家之多，大体可分两类：一类是 EDA 专业软件公司，较著名的有 Mentor Graphics、Cadence Design Systems、Synopsys、Viewlogic Systems 和 Protel 等；另一类是半导体器件厂商，为了销售他们的产品而开发 EDA 工具，较著名的公司有 Altera、Xilinx、AMD、TI 和 Lattice 等。EDA 专业软件公司独立于半导体器件厂商，推出的 EDA 系统具有较好的标准化和兼容性，也比较注意追求技术上的先进性，适合于搞学术性基础研究的单位使用。而半导体厂商开发的 EDA 工具，能针对自己器件的工艺特点做出优化设计，提高资源利用率，降低功耗，改善性能，比较适合于产品开发单位使用。在 EDA 技术发展策略上，EDA 专业软件公司面向应用，提供 IP 模块和相应的设计服务，而半导体厂商则采取三位一体的战略，在器件生产、设计服务和 IP 模块的提供上都下了工夫。

1. Altera Quartus Ⅱ

Quartus Ⅱ 是 Altera 公司的综合性 PLD/FPGA 开发软件，原理图、VHDL、Verilog HDL 以及 AHDL(Altera Hardware Description Language)等多种设计输入形式，内嵌自有的综合器以及仿真器，可以完成从设计输入到硬件配置的完整 PLD 设计流程。

Quartus Ⅱ 可以在 Windows XP/8、Linux 以及 UNIX 上使用，除了可以使用 Tcl 脚本完成设计流程外，它还提供了完善的用户图形界面设计方式，具有运行速度快、界面统一、功能集中、易学易用等特点。

Quartus Ⅱ 支持 Altera 的 IP 核，包含了 LPM/MegaFunction 宏功能模块库，使用户可以充分利用成熟的模块，简化设计的复杂性、加快设计速度。另外，它与 Cadence、ExemplarLogic、MentorGraphics、Synopsys 和 Synplicity 等 EDA 供应商的开发工具相兼容。因此，对第三方 EDA 工具的良好支持也使用户可以在设计流程的各个阶段使用熟悉的第三方 EDA 工具。该软件有良好的 LogicLock 模块设计功能，增添了 FastFit 编译选项，推进了网络编辑性能，有很好的调试能力。

此外，Quartus Ⅱ 通过和 DSP Builder 工具与 Matlab/Simulink 相结合，可以方便地实现各种 DSP 应用系统；支持 Altera 的片上可编程系统开发，集系统级设计、嵌入式软件开发、可编程逻辑设计于一体，是一种综合性的开发平台。Altera Quartus Ⅱ 作为一种可编程逻辑的设计环境，由于其强大的设计能力和直观易用的接口，越来越受到数字系统设计者的欢迎。本书将使用该软件演示 PLD 的设计和仿真方法。

2. Xilinx ISE

ISE 的全称为 Integrated Software Environment，即"集成软件环境"，是由 Xilinx 公

司开发的用于综合和分析 HDL 设计的软件工具,可以使设计者编译设计、开展时序分析、检验 RTL 图、在不同仿真激励条件下的设计仿真,并使用编程器配置目标器件。它仅应用于 Xilinx 公司提供的 FPGA 系列产品。ISE 将先进的技术与灵活性、易使用性的图形界面结合在一起,达到最佳的硬件设计。

Xilinx ISE 主要用于 Xilinx 系列 FPGA 的综合与设计,它使用 ISIM 或 ModelSim 逻辑仿真器进行系统级测试。另外和 Xilinx ISE 配合使用的还有嵌入式开发套件(Embedded Development Kits,EDK)、软件开发套件(Software Development Kits,SDK)、ChipScope Pro,等等。

自从 2012 年之后,Xilinx ISE 不再进行更新,转向支持 Vivado 开发套件,该软件支持 ISE 的全部功能,且附加其他特征,如片上系统开发等。Xilinx 公司在 2013 年 10 月发布了 ISE 的最后一个版本 14.7。虽然它停止更新,但其友好的界面和强大的功能,依然受到 Xilinx 公司 FPGA 开发者的拥护,至今仍有很多公司使用该软件进行 FPGA 的设计和开发工作。

3. Actel Libero IDE

Libero 集成设计环境是 Actel 针对该公司所有 FPGA 产品而设计的一套完备的软件工具套件。Libero IDE 能快速有效地管理整个设计流程,从设计、综合和仿真,到基础规划、布局布线、时序约束和分析、功率分析以及程序文件生成。Libero 的第二代智能设计工具 SmartDesign 为轻松创建完整的、基于简单和复杂处理器的系统级芯片设计提供了有效的设计开发方法。

Libero IDE 针对 Actel 的低功耗 Flash FPGA 系列产品(包括 IGLOO、ProASIC3L 及低功耗 FPGA 系列的最新成员 IGLOO PLUS)提供全面的功率优化和分析工具。

Libero IDE 提供来自 Mentor Graphics、SynaptiCAD 和 Synplicity 等领先 EDA 厂商的最新及最佳 FPGA 开发工具。这些工具与 Actel 开发的工具相结合,可让用户快速轻松地管理 Actel FPGA 设计。Libero IDE 具有直观的用户界面及功能强大的设计管理器,可引导用户完成设计过程、组织设计文件及实现不同开发工具间的无缝衔接交换。

Libero IDE 中的 SmartDesig 图形化 SoC 设计生成功能,能够自动抽象出 HDL 代码内核目录和配置功能;HDL 和 HDL 模板"用户定义构件"生成功能,实现设计重用;Actel 提供的各种单元库 Synplify/Synplify Pro AE 综合工具全面优化;Synplify DSP AE 在 Simulink 环境中实现高层 DSP 优化测试平台生成功能,包括通过 WaveFormer Lite AE 实现模拟激励。还可用 SynaptiCad 的高级模拟激励功能 ModelSim VHDL 或 Verilog 代码综合和布局后的行为仿真功能。Designer 工具提供的物理设计实现、基础规划、物理约束以及布局功能时序和功率驱动的布局。布线针对时序约束管理和分析的 SmartTime 环境,SmartPower 针对实际或虚拟应用场景提供全面的功率分析,具有与 FlashPro 和 Silicon Sculptor 编程软件的接口。它具有针对 Actel 闪存设计的 Identify AE 调试软件,以及针对 Actel 反熔丝设计的 Silicon Explorer 调试软件。该软件支持 Windows 和 Linux 操作系统。

4. ModelSim

Mentor Graphics 公司的 ModelSim 是业界最优秀的 HDL 语言仿真软件,它能提供友好的仿真环境,是业界唯一的单内核支持 VHDL 和 Verilog 混合仿真的仿真器。它采用直接优化的编译技术、Tcl/Tk 技术和单一内核仿真技术,编译仿真速度快,编译的代码与平台无关,便于保护 IP 核,个性化的图形界面和用户接口,为用户加快调错提供强有力的手段,是 FPGA/ASIC 设计的首选仿真软件。

ModelSim SE 支持 PC、UNIX 和 Linux 混合平台,提供全面完善以及高性能的验证功能,全面支持业界广泛的标准。该软件支持 RTL 和门级优化,本地编译结构,编译仿真速度快,跨平台跨版本仿真。集成了性能分析、波形比较、代码覆盖、数据流 ChaseX、Signal Spy、虚拟对象 Virtual Object、Memory 窗口、Assertion 窗口、源码窗口显示信号值、信号条件断点等众多调试功能,它支持 C 和 Tcl/Tk 接口,方便 C 调试;对 SystemC 的直接支持,和 HDL 任意混合;支持 SystemVerilog 的设计功能;全面支持系统级描述语言,如 SystemVerilog、SystemC 和 PSL 等。可以单独或同时进行行为级、RTL 级、和门级的代码仿真。

ModelSim 有几种不同的版本:SE、PE、LE 和 OEM,其中,SE 是最高级的版本,而集成在 Actel、Atmel、Altera、Xilinx 以及 Lattice 等 FPGA 厂商设计工具中的均是其 OEM 版本。SE 版和 OEM 版在功能及性能方面有较大差别,比如仿真速度问题,以 Xilinx 公司提供的 OEM 版本 ModelSim XE 为例,对于代码少于 40 000 行的设计,ModelSim SE 比 ModelSim XE 要快 10 倍;对于代码超过 40 000 行的设计,ModelSim SE 要比 ModelSim XE 快近 40 倍。

1.3.5 设计方法

1. 自下而上的设计方法

传统的硬件电路采用自下而上(Bottom Up)的设计方法,其主要步骤:根据系统的硬件设计需求,详细编制技术规格说明,并画出系统控制流程图;然后根据技术规格说明和系统控制流程图,对系统的功能进行分解,合理地划分功能模块,并画出系统功能框图;接着进行各功能模块的细化和电路设计;各功能模块电路设计调试完毕以后,将各功能模块的硬件电路连接起来,再进行系统的调试;最后完成整个系统的硬件电路设计。

从上述过程可以看到,系统硬件的设计是从选择基本逻辑元器件开始的,并用这些元器件进行逻辑电路设计,完成系统各独立功能模块设计,再将各功能模块连接起来,完成整个系统的硬件设计。上述过程从最底层设计开始,到最高层设计完毕,故将这种设计方法称为自下而上的设计方法。

传统的自下而上的硬件电路设计方法已经沿用了几十年,随着计算机技术、大规模集成电路技术的发展,这种设计方法已落后于当今技术的发展。一种崭新的自上而下的设计方法已经兴起,它为硬件电路设计带来了一次重大的变革。

2. 自上而下的设计方法

随着大规模专用集成电路的开发和研制,为了提高开发的效率,缩短开发时间,增加已有开发成果的可继承性,各种新兴的 EDA 工具开始出现,特别是硬件描述语言的出现,使得传统的硬件电路设计方法发生了巨大的变革。新兴的 EDA 工具对大系统的设计通常都采用自上而下(Top Down)的设计方法。所谓自上而下的设计方法,就是从系统总体要求出发,自上而下地逐步将设计内容细化,最后完成系统硬件的整体设计。

利用 HDL 对系统硬件电路的自上而下设计一般分为 3 个层次,分为行为描述、寄存器传输描述和逻辑综合。行为描述是对整个系统的数学模型的描述,目的是在系统设计的初始阶段,通过对系统行为描述的仿真来发现系统设计中存在的问题。寄存器传输方式描述将行为描述的结果直接映射到具体逻辑元件结构,获得系统的逻辑表达式后,再用仿真工具对 RTL 方式描述的程序进行综合。逻辑综合就是将 RTL 方式描述的程序转换成网表文件,也可将综合结果以逻辑原理图方式输出。此后再对逻辑综合结果在门电路级上进行仿真,验证设计结果是否满足需求规格说明。

1.3.6 设计流程

复杂高密度 PLD 的设计流程包括设计准备、设计输入、功能仿真、设计处理、时序仿真、器件编程及器件测试 7 个主要步骤。

1. 设计准备

在系统设计之前,首先要进行方案论证、系统设计和器件选择等准备工作。设计人员根据任务要求,如系统的功能和复杂度,对工作速度和器件本身的资源、成本及连线的可布性等方面进行权衡,选择合适的设计方案和器件类型。一般采用自上而下的设计方法,小系统也可采用传统的自下而上的设计方法。

2. 设计输入

设计人员将所设计的系统或电路以开发软件要求的某种形式表示出来,并输入计算机的过程称为设计输入。设计输入通常有原理图和文本两种形式。图形输入包括原理图、状态机,文本输入一般是硬件描述语言,如 VHDL 和 Verilog HDL。设计输入是工程设计的第一步。

1) 原理图输入方式

原理图输入方式是一种最直接的设计描述方式,设计中需要的具体元件可从软件系统提供的元件库中调出来,包括各种门电路、触发器、锁存器、计数器、各种中规模电路、各种功能较强的宏功能块等,画出原理图,这样比较符合人们的传统设计习惯。这种方式要求设计人员有丰富的电路知识及对 PLD 的结构比较熟悉。其主要优点是直观、便于理解、元件库资源丰富,容易实现仿真,便于信号的观察和电路的调整;缺点是效率低,特别是产品有所改动,需要选用另外一个公司的 PLD 器件时,就需要重新输入原理图。在大型设计中,这种方法的可维护性差,不利于模块建设与重用。在 FPGA 的设计中,一般不使用图形输入方法。

另外一种图形输入方法是状态机。使用状态机输入时,只需设计者画出状态转移图,EDA 软件就能生成相应的 HDL 代码或者原理图,使用十分方便。但是需要指出的是,这种设计方法只能在某些特殊情况下缓解设计者的工作量,并不适合所有的设计。

2) 硬件描述语言输入方式

当设计超过 10 000 门的产品时,图形输入方法无能为力。为了克服原理图输入方法的缺点,目前在大型工程设计中,常用的设计方法是文本输入法,即通过编写程序,并通过软件对程序编译,生成需要的逻辑电路。其中影响最为广泛的 HDL 语言是 VHDL 和 Verilog HDL。它们的共同优点是利于由顶向下设计,利于模块的划分与复用,可移植性好,通用性强,设计不因芯片的工艺和结构的变化而变化,更利于向 ASIC 的移植。硬件描述语言的突出优点主要是语言与工艺的无关性,可以使设计人员在系统设计、逻辑验证阶段便确立方案的可行性;语言的公开可利用性,便于实现大规模系统的设计;具有很强的逻辑描述和仿真功能,而且输入效率高,在不同的设计输入库之间的转换非常方便,用不着熟悉底层电路和 PLD 的结构。本书将重点介绍基于 VHDL 语言的 FPGA 设计方法。

3. 功能仿真

功能仿真也称为前仿真。功能仿真就是对设计电路的逻辑功能进行模拟测试,看其是否满足设计要求,通常是通过波形图直观地显示输入信号与输出信号之间的关系。用户所设计的电路必须在编译之前进行逻辑功能验证,此时的仿真没有延时信息,对于初步的功能检测非常方便。仿真前,要先利用波形编辑器和硬件描述语言等建立波形文件及测试向量(即将所关心的输入信号组合成序列),仿真结果将会生成报告文件和输出信号波形,从中便可以观察到各个节点的信号变化。如果发现错误,则返回设计输入中修改逻辑设计。目前,功能仿真工具比较多,其中 Cadence 公司的 NC-Verilog、Synopsys 公司的 VCS 和 Mentor 公司的 Modelsim 都是业界广泛使用的仿真工具。在 Altera Quartus Ⅱ 中自带功能仿真工具,本书中将以该软件作为功能仿真的例子来讲述 VHDL 程序的验证方法。

Quartus Ⅱ 中的功能仿真采用波形输入方式建立和编辑波形设计文件,以及输入仿真向量和功能测试向量。波形设计输入适用于时序逻辑和有重复性的逻辑函数。系统软件可以根据用户定义的输入输出波形自动生成逻辑关系。波形编辑功能还允许设计人员对波形进行复制、剪切、粘贴、重复与伸展,从而可以用内部节点、触发器和状态机建立设计文件,并将波形进行组合,显示各自进制的状态值,还可以将一组波形重叠到另一组波形上,对两组仿真结果进行比较。

4. 设计处理

设计处理是器件设计中的核心环节。在设计处理过程中,编译软件将对设计输入文件进行逻辑、综合优化和适配,最后产生编程用的编程文件。设计处理具体包括以下几步。

1) 语法检查和设计规则检查

设计输入完成后,首先进行语法检查,如原理图中有无漏连信号线,信号有无双重来源,文本输入文件中关键字有无输错等各种语法错误,并及时列出错误信息报告供设计人员修改,然后进行设计规则检验,检查总的设计有无超出器件资源或规定的限制,并将编译报告列出,指明违反规则情况以供设计人员纠正。

2) 逻辑优化和综合

化简所有的逻辑方程或用户自建的宏,使设计所占用的资源最少。为保持芯片的效率,设计人员使用功能强大的综合工具处理 HDL 设计。所谓综合,也就是根据设计功能和实现该设计的约束条件(如面积、速度、功耗和成本等),将设计输入转换成满足要求的电路设计方案,该方案必须同时满足其的功能和约束条件。

由于不同的 PLD,在建立诸如加法器、比较器、计数器等逻辑函数时有不同的特征,综合工具为支持这些特征,通过推理和例化实现 HDL 语言所描述的逻辑函数。综合工具识别 VHDL 语言中的"+"为加法器,识别 CASE 语句为选择器等。如图 1.9 所示,要实现两个信号的相加,在 VHDL 语言中语句为 $A<=B+C$,即将 B 和 C 相加后赋值给 A,综合工具将其识别为加法器,然后将加法器映射到门级结构中。这些门级结构都是面向芯片被优化了的。推理可方便用户对电路进行行为描述,并方便对其进行调试和设计。

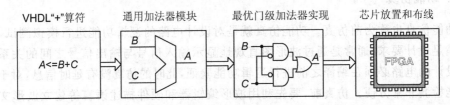

图 1.9 综合工具将 HDL 语言映射为硬件电路的过程

可见,综合的过程也是设计目标的优化过程,其目的是将多个模块化设计文件合并为一个网表文件,供布局布线使用,网表中包含了目标器件中的逻辑单元和互连的信息。综合是将行为和功能层次表达的电子系统转化为低层次模块的组合。一般来说,综合是针对 VHDL 来说的,即将 VHDL 描述的模型、算法、行为和功能描述转换为 FPGA/CPLD 基本结构相对应的网表文件,即构成对应的映射关系。

3) 适配和分割

确立优化以后的逻辑能否与器件中的宏单元和 I/O 单元适配,然后将设计分割为多个便于识别的逻辑小块形式映射到器件相应的宏单元中。如果整个设计较大,不能装入一片器件时,可以将整个设计划分(分割)成多块,并装入同一系列的多片器件中。分割可全自动、部分或全部由用户控制,目的是使器件数目最少,器件之间通信的引脚数目最少。

4) 布局和布线

前面的工作完成以后,就需要进行布局和布线操作。布局和布线就是根据设计者指定的约束条件(如面积、延时、时钟等)、目标器件的结构资源和工艺特性,以最优的方式对逻辑元件布局,并准确地实现元件间的互连,完成实现方案(网表)到实际目标器件

(FPGA 或 CPLD)的变换。在布局布线过程中,时序信息会形成一个反标注文件,以供后续的时序仿真使用,同时还产生器件编程文件。布局和布线工具主要由 PLD 厂商提供,布线以后软件会自动生成报告,提供有关设计中各部分资源的使用情况等信息。

5. 时序仿真

时序仿真又称为后仿真或延时仿真。由于不同器件的内部延时不一样,不同的布局布线方案也给延时造成不同的影响,因此在设计处理以后,对系统和各模块进行时序仿真,分析其时序关系,估计设计的性能,以及检查和消除竞争冒险等。这一步是非常有必要的,如果存在问题就需要一步步往上修改,直到修改设计输入。综合后仿真在针对目标器件进行适配之后进行,综合后仿真接近真实器件的特性,能精确给出输入与输出之间的信号延时量。实际上这一步的仿真结果与实际器件工作的情况基本相同。

无论是功能仿真还是时序仿真,若在每个仿真步骤出现问题,就需要根据错误的定位返回到相应的步骤更改或者重新设计。

6. 器件编程

时序仿真无误后,软件就可产生供器件编程使用的有效数据文件了;对 CPLD(包括 EPLD)来说,是产生熔丝图文件,即 JED 文件;对 FPGA 来说,是产生位流数据文件 (Bitstream Generation)。器件编程就是将布局布线后形成的数据文件通过下载工具下载到各公司具体的 PLD 器件中。下载工具软件一般由各个 PLD 厂家提供。

器件编程需要满足一定的条件,如编程电压、编程时序和编程算法等。普通的 CPLD 器件和一次性编程的 FPGA 需要的专用的编程器完成器件的编程工作。基于 SRAM 的 FPGA 可以由 EPROM 或其他存储体进行配置。在线可编程的 PLD 器件不需要专门的编程器,只要一根编程下载电缆就可以了。

7. 器件测试

器件在编程完毕后,可以用编译时产生的文件对器件进行校验、加密等工作。对于支持 JTAG 技术,具有边界扫描测试能力和在系统编程能力的器件来说,测试起来就更加方便。

思 考 题

1. 可编程逻辑器件的种类有哪些?各自有什么特征?
2. 可编程逻辑器件的设计方法有哪些?简述其具体设计过程。
3. 可编程逻辑器件的设计步骤有哪些?

第2章 数字逻辑

进行数字电路设计通常需要两步：第一步是逻辑设计，又称为功能设计；第二步是电路设计，是实现功能的实体。逻辑设计的基础是布尔代数，包含各种逻辑运算；电路设计的基础是基本逻辑门及半导体器件理论。本章将讨论这两个基本问题。

2.1 基本逻辑门及其运算

在数字逻辑中，其基本数字元素为0和1，分别表示低电平和高电平，如图2.1所示。

低电平一般为接地(0V)，高电平一般为电路的工作电平，为＋3.3V或＋5V，但有些特殊电气标准不同，例如RS-232电平，在该电气标准中，0表示接地，而1则表示－13～－12V。

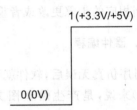

图2.1 高、低电平与电压表示

数字逻辑对应的基本逻辑门有3种，分别是与门(AND)、或(OR)门和非(NOT)门(有些文献中称为反门)，它们是组成复杂控制逻辑的基础。

与门的符号和真值表如图2.2所示，它是一个双目运算符，类似于算术代数中的乘，因此用"·"表示。如输入信号A和B相与之后赋给F，可表示为$F=A\cdot B$。通常为了简单表示起见，直接写为$F=AB$。

或门的符号和真值表如图2.3所示，它也是一个双目运算符，类似于算术代数中的加，因此用"＋"表示。如输入信号A和B相或之后赋给F，可表示为$F=A+B$。但需要注意的是，这里的"＋"表示的是"逻辑或"，而不是算术运算中的加法。

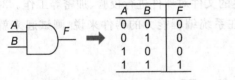

A	B	F
0	0	0
0	1	0
1	0	0
1	1	1

图2.2 与门及其真值表

A	B	F
0	0	0
0	1	1
1	0	1
1	1	1

图2.3 或门及其真值表

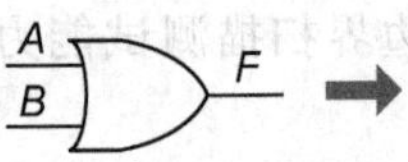

非门的符号和真值表如图2.4所示，它是一个单目运算符，类似于集合运算中的补，在信号之上加"－"表示。实际上，它在算术代数中可类似表示为$\overline{A}=1-A$。

A	F
0	1
1	0

图2.4 非门及其真值表

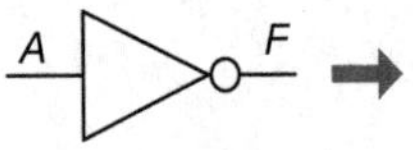

根据定义，基本逻辑门之间的逻辑运算有以下等式成立。

$$0\cdot 0=0,\quad 0+0=0,\quad \overline{0}=1$$

$$1\cdot 0=0,\quad 1+0=1,\quad \overline{1}=0$$

$$1\cdot 1=1,\quad 1+1=1$$

设 A、B 为逻辑信号，基本逻辑门之间的逻辑运算有以下基本定理：
$A \cdot 0 = 0$, $A \cdot 1 = 1$, $A + 0 = A$, $A + 1 = 1$, $A + \overline{A} = 1$, $A \cdot \overline{A} = 0$
$A \cdot A = A$, $A + A = A$,
$\overline{\overline{A}} = A$
$\overline{A+B} = \overline{A}\,\overline{B}$
$\overline{AB} = \overline{A} + \overline{B}$

利用上述定理可做一些复杂逻辑表达式的推导。

例 2.1 试证明 $A + \overline{A}B = A + B$。

证明：

根据逻辑运算的基本定理，$1 = B + \overline{B}$，$A = A \cdot 1$，

可以得到：

$$A + \overline{A}B = A(1+B) + \overline{A}B = A + AB + \overline{A}B = A + (A+\overline{A})B = A + B$$

证毕。

2.2 基本扩展逻辑门

基本扩展逻辑门是在基本逻辑门的基础上，综合 3 个基本逻辑组成的逻辑门，一般是双目逻辑运算。基本扩展逻辑门主要有与非(NAND2)、或非(NOR2)、异或(XOR)、同或(XNOR)。

基本与非门的符号和真值表如图 2.5 所示，它的逻辑函数表达式为 $F = \overline{AB}$。

基本或非门的符号和真值表如图 2.6 所示，它的逻辑函数表达式为 $F = \overline{A+B}$。

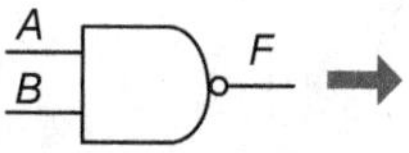

A	B	F
0	0	1
0	1	1
1	0	1
1	1	0

A	B	F
0	0	1
0	1	0
1	0	0
1	1	0

图 2.5 基本与非门及其真值表　　　　图 2.6 基本或非门及其真值表

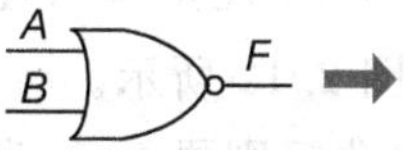

异或门的符号和真值表如图 2.7 所示，其运算符号用 ⊕ 表示。其结果等效于非进位单位加法运算和，逻辑函数表达式为

$$F = A \oplus B = \overline{A}B + A\overline{B}$$

同或门的符号和真值表如图 2.8 所示，其运算符号用 ⊙ 表示，逻辑函数表达式为

$$F = A \odot B = \overline{A}\,\overline{B} + AB$$

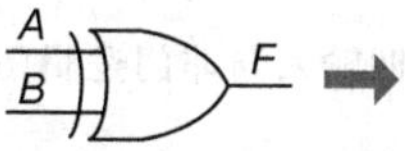

A	B	F
0	0	0
0	1	1
1	0	1
1	1	0

A	B	F
0	0	1
0	1	0
1	0	0
1	1	1

图 2.7 异或门及其真值表　　　　图 2.8 同或门及其真值表

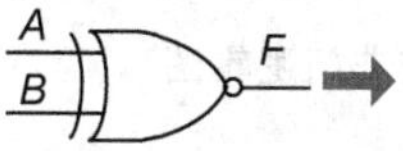

2.3 逻辑门的扩展

基本逻辑门和基本扩展逻辑门是单目或双目逻辑门,在实际工程设计中需要增加扇入,即需要多个输入。例如 $F=ABC$,需要实现 3 个信号 A、B、C 的与逻辑;$F=A+B+C$,需要实现 3 个信号 A、B、C 的或逻辑,等等。这需要对基本逻辑门和扩展逻辑门进行复合运算,利用简单逻辑门实现复杂逻辑门。

以 $F=ABC$ 为例,它用简单逻辑与门实现表达式为 $F=(AB)C$,即需要两个与门,因此电路图可写为如图 2.9 所示。

对于三输入或门,$F=A+B+C$,可写为 $F=(A+B)+C$,使用两个或门实现,如图 2.10 所示。

更进一步地,四输入与门可表示为 $F=ABCD=(AB)(CD)$,电路如图 2.11 所示。

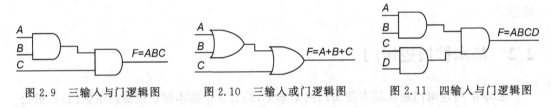

图 2.9 三输入与门逻辑图   图 2.10 三输入或门逻辑图   图 2.11 四输入与门逻辑图

而对于基本扩展逻辑门的复杂逻辑门构建则没有像对基本逻辑门的扩展那么简单。例如,对于三输入与非门:

$$F=\overline{ABC}$$

若用两输入与非门构建,则需要化成如下形式:

$$F=\overline{ABC}=\overline{(AB)C}=\overline{\overline{\overline{AB}}C}=\overline{\overline{AB}\;\overline{ABC}}$$

因此,其电路图如图 2.12 所示。

而对于四输入的与非门则更复杂,其合成过程如下:

$$F=\overline{ABCD}=\overline{(AB)(CD)}=\overline{\overline{\overline{AB}}\;\overline{\overline{CD}}}=\overline{\overline{\overline{AB}\;\overline{AB}}\;\overline{\overline{CD}\;\overline{CD}}}$$

其电路图如图 2.13 所示。

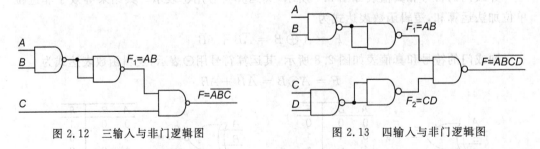

图 2.12 三输入与非门逻辑图   图 2.13 四输入与非门逻辑图

对于基本或非门的扩展与基本与非门的扩展类似,最终都要化成或非门组合的形式。例如,对于三输入或非门:

$$F=\overline{A+B+C}$$

其组合过程可写为

$$F = \overline{A+B+C} = \overline{(A+B)+C} = \overline{\overline{\overline{A+B}}+C} = \overline{\overline{\overline{A+B}+\overline{A+B}}+C}$$

其电路图如图 2.14 所示。

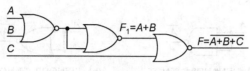

图 2.14　三输入或非门逻辑图

实际上，任何基本逻辑门都可以单纯使用基本与非门或者基本或非门实现，也就是说，任何逻辑都可以使用基本与非或者基本或非实现，因此基本与非门和基本或非门是衡量集成电路规模的等效门。一般使用与非门。为说明问题，下面考察基本逻辑门使用等效门实现的方法。

对于与门，当使用基本与非门实现时，其逻辑函数表达式可写为

$$F = AB = \overline{\overline{AB}} = \overline{\overline{AB}\;\overline{AB}}$$

当使用基本或非门实现时，其逻辑函数表达式可写为

$$F = AB = \overline{\overline{AB}} = \overline{\overline{A}+\overline{B}} = \overline{\overline{A+A}+\overline{B+B}}$$

因此，与门的实现如图 2.15 所示。

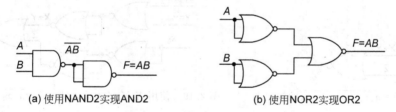

(a) 使用NAND2实现AND2　　　　(b) 使用NOR2实现OR2

图 2.15　使用等效门实现基本与门

对于或门，当使用基本与非门实现时，其逻辑函数表达式可写为

$$F = A+B = \overline{\overline{A+B}} = \overline{\overline{A}\,\overline{B}} = \overline{\overline{AA}\;\overline{BB}}$$

当使用基本或非门实现时，其逻辑函数表达式可写为

$$F = A+B = \overline{\overline{A+B}} = \overline{\overline{A+B}+\overline{A+B}}$$

因此，或门的实现如图 2.16 所示。

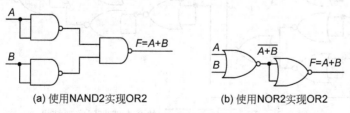

(a) 使用NAND2实现OR2　　　　(b) 使用NOR2实现OR2

图 2.16　使用等效门实现基本或门

实际上,根据逻辑运算基本定理 $AA=A,A+A=A$,非门可以用与非门,也可用或非门表示,即:

$$\overline{A} = \overline{AA} = \overline{A+A}$$

实现方法如图 2.17 所示。

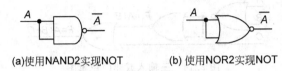

(a)使用NAND2实现NOT   (b)使用NOR2实现NOT

图 2.17　使用等效门实现非门

根据上述讨论,可以将任意逻辑函数表达式使用基本与非门或者或非门实现。但有时在写逻辑函数表达式的与非或者或非表达形式时非常复杂,容易混乱。本节介绍从后向前的画图法解决该类问题。

例如,对于逻辑函数表达式:

$$F = \overline{x_1x_2 + x_3x_4 + x_5}$$

使用基本或非门表达时,首先令 $X=x_1x_2, Y=x_3x_4, Z=x_5$,如图 2.18 所示。

在后续的设计中分两步。第一步获得 $X+Y$,第二步获得 Z。在第一步中,$X+Y$ 可以通过或非门取反获得,第二步中 Z 可通过 x_5 取反再取反获得,结果如图 2.19 所示。

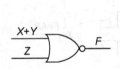
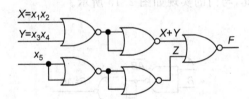

图 2.18　$F=\overline{x_1x_2+x_3x_4+x_5}$ 的输出端　　图 2.19　使用 X、Y、Z 为输入端的 $F=\overline{x_1x_2+x_3x_4+x_5}$

接下来的问题就是如何实现 X 和 Y。根据 $X=x_1x_2, Y=x_3x_4$,都是两个信号的逻辑与运算,因此根据图 2.15(b),最终图形可画为如图 2.20 所示。

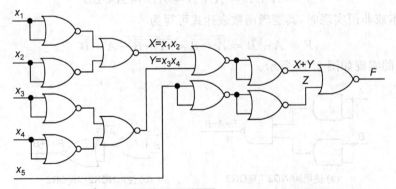

图 2.20　$F=\overline{x_1x_2+x_3x_4+x_5}$ 的基本或非门实现结果

若使用基本与非门实现 $F=\overline{x_1x_2+x_3x_4+x_5}$,则需要将逻辑函数表达式写为

$$F=\overline{x_1x_2+x_3x_4+x_5}=\overline{\overline{x_1x_2}\cdot\overline{x_3x_4}\cdot\overline{x_5}}=\overline{XYZ}$$

这里,$X=\overline{x_1x_2}$,$Y=\overline{x_3x_4}$,$Z=\overline{x_5}$

$$F=\overline{XYZ}=\overline{(XY)Z}$$

因此,在图的输出部分可以画为如图 2.21 所示。将 X、Y、Z 分别用输入 x_1、x_2、x_3、x_4、x_5 表示后得如图 2.22 所示的结果。

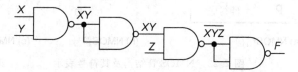

图 2.21　$F=\overline{x_1x_2+x_3x_4+x_5}$ 的基本与非门输出端

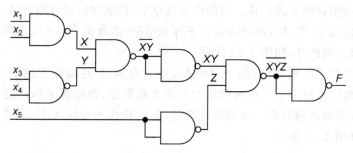

图 2.22　$F=\overline{x_1x_2+x_3x_4+x_5}$ 的基本与非门实现结果

2.4　基本逻辑门的实现

早期的晶体管使用双极型晶体管,它在基极使用小电流控制发射极和集电极之间的大电流。由于在电路工作过程中需要静态偏置设置,因此它存在固有耗散功率,这限制了在单一芯片上集成晶体管的数目,因此双极型晶体管不适合做大规模集成电路。

随着半导体工艺和理论的发展,人们提出了金属氧化物半导体场效应晶体管(Metal Oxide Semiconductor Field Effect Transistor,MOSFET)。它在栅极使用压控漏极电流,控制电流几乎为 0,因此耗散功率小,有很高的集成度。MOSFET 主要分两类:一类是 PMOS(P-channel MOS),另一类是 NMOS(N-channel MOS)。将两者共同组建的器件称为互补金属氧化物半导体(Complementary Metal Oxide Semiconductor,CMOS),是当前集成电路设计和生产中最主要的工艺。本书将以 CMOS 元器件为基础讲述基本逻辑门和数字逻辑电路的实现方法。

2.4.1　MOS 管

图 2.23(a)展示了 NMOS 晶体管结构。它有 4 个极,分别是栅极(G)、源极(S)、漏极(D)和衬底(B)。栅极过去使用金属,现在使用多晶硅。栅极与硅片之间的隔离层使用二

氧化硅。源极和漏极为深度 n 掺杂的硅片。衬底为浅度 p 掺杂的硅片。其代表符号如图 2.23(b)所示,简化符号如图 2.23(c)所示。本书中使用简化符号。

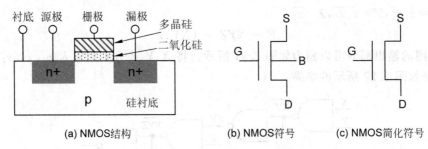

图 2.23　NMOS 管结构及其符号表示

在 NMOS 管中,栅极、氧化物(隔离层)和衬底之间组成一个电容。通常衬底接地,因此栅极加电后会引起电荷的迁移。当栅极是低电平(接地)时,源极和衬底、漏极和衬底之间形成背靠背的两个 PN 结,此时沟道内不存在电荷,因此两个 n+区之间不存在导电沟道,源极和漏极之间断开,如图 2.24 所示。

当栅极接入高电平时,此时两个 PN 结发生正向偏置,在栅极上积累正电荷,同时在 p 型衬底与隔离层之间由于正电荷的吸引形成负电荷层,将栅极下的通道变为 n 型半导体,因此源极和漏极之间存在一 n 型导电沟道,晶体管处于导通状态,实现了源极和漏极之间的短接,如图 2.25 所示。

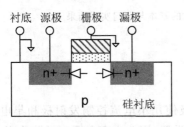 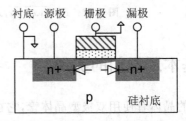

图 2.24　NMOS 断开状态示意图　　图 2.25　NMOS 导通状态示意图

PMOS 的器件结构如图 2.26(a)所示。其源极和漏极采用深度 p 掺杂硅片,衬底采用 p 沟道,工作时衬底接高电平。其代表符号如图 2.26(b)所示,简化符号如图 2.26(c)所示。PMOS 在导通时栅极接低电平,截止时栅极接高电平。

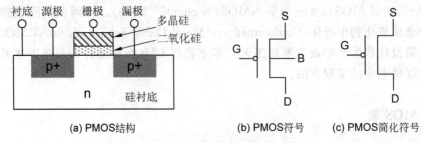

图 2.26　PMOS 管结构及其符号表示

通常逻辑电路实现时由 NMOS 和 PMOS 共同实现，因此将两者做在同一硅片上可提高芯片集成度，这种工艺称为 CMOS，其结构如图 2.27 所示。

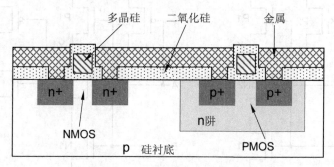

图 2.27 CMOS 结构示意图

该图展示了 p 衬底的 CMOS 器件构造。为了制造 PMOS 管，需要在 p 衬底上制造 n 阱，然后在 n 阱中制造 PMOS。实际上 n 阱就是 PMOS 的衬底部分。在该类型器件中，p 衬底通过深度 p 掺杂区域接地，n 阱则通过深度 n 掺杂区域接高电平。

2.4.2 非门的 CMOS 实现

实现非门 $Y=\overline{A}$ 的 CMOS 电路结构如图 2.28 所示。当 $A=1$ 时，NMOS 导通，PMOS 截止，因此 Y 通过 N1 接地，输出 $Y=0$；当 $A=0$ 时，NMOS 截止，PMOS 导通，因此 Y 通过 P1 接电源 VDD，输出 $Y=1$。

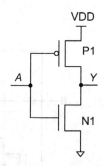

图 2.28 非门电路图

2.4.3 基本与非门的实现

实现基本与非门 $Y=\overline{AB}$ 的 CMOS 电路结构如图 2.29 所示。当 A 和 B 中的任意一个为低电平时，该信号所连接的 NMOS 管截止，PMOS 管导通，因此输出 Y 通过 PMOS 管接到 VDD，输出 $Y=1$；当 $A=1$、$B=1$ 时，两个 NMOS 管 N1、N2 导通，两个 PMOS 管 P1、P2 截止，因此 Y 通过 N1、N2 接地，输出 $Y=0$。若要获得基本与门，则在与非之后结一非门即可实现，如图 2.30 所示。

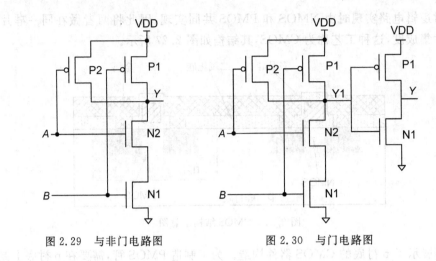

图 2.29　与非门电路图　　　　图 2.30　与门电路图

2.4.4　基本或非门的实现

实现基本或非门 $Y=\overline{A+B}$ 的 CMOS 电路结构如图 2.31 所示。当 A 和 B 中的任意一个是高电平时,该信号所连接的 NMOS 管导通,PMOS 管截止,因此输出 Y 通过 NMOS 管接地,输出 $Y=0$;当 $A=0$、$B=0$ 时,两个 NMOS 管 N1、N2 截止,两个 PMOS 管 P1、P2 导通,因此 Y 通过 P1、P2 接 VDD,输出 $Y=1$。若要获得基本或门,则在或非之后接一非门即可实现,如图 2.32 所示。

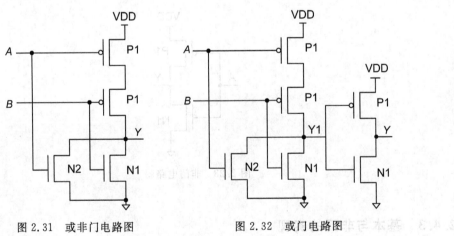

图 2.31　或非门电路图　　　　图 2.32　或门电路图

2.4.5　逻辑函数表达式的 CMOS 实现

在 CMOS 电路中,合理连接 NMOS 晶体管,并与上拉元器件(PMOS 晶体管)结合,从而实现逻辑函数。通常将 NMOS 晶体管对应的电路部分称为下拉网络(PDN),将 PMOS 晶体管组成的上拉电路部分称为上拉网络(PUN)。这两个网络实现的逻辑函数互补。典型的逻辑函数都可以使用 PDN 和 PUN 来实现,它通过 PDN 将输出下拉至地(0),通过 PUN 上拉至 VDD(1)。PDN 和 PUN 有相同数量的晶体管,连接后的两个网络拓扑结构对偶。所谓对偶,就是在 PDN 中的 NMOS 管如果是串联的,则在 PUN 中对应的 PMOS 管并联;若在 PDN 中的 NMOS 管是并联的,则在 PUN 中对应的 PMOS 管串联。其结构如图 2.33 所示。前面的非门、基本与非和基本或非门都体现了这种对偶结构。

这里以一个例子说明 PDN 和 PUN 的设计方法。若要实现逻辑函数:

$$F = \overline{A_1 A_2 + A_3 A_4 A_5 + A_6}$$

图 2.33 上拉和下列网络

则要将其化简为

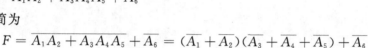
$$F = \overline{A_1 A_2 + A_3 A_4 A_5 + A_6} = \overline{(\overline{A_1} + \overline{A_2})(\overline{A_3} + \overline{A_4} + \overline{A_5}) + \overline{A_6}}$$

可见,在上拉网络中,与 A_1、A_2 对应的 PMOS 管并联,与 A_3、A_4、A_5 对应的 PMOS 管并联,之后再将这两个并联电路串联,然后整体与 A_6 对应的 PMOS 管并联。同样地,在下拉网络中,表达式为

$$\overline{F} = \overline{\overline{A_1 A_2 + A_3 A_4 A_5 + A_6}} = (A_1 A_2 + A_3 A_4 A_5) A_6$$

根据对偶性质,则在下拉网络中,与 A_1、A_2 对应的 NMOS 管串联,与 A_3、A_4、A_5 对应的 NMOS 关串联,之后再将这两个串联电路并联,然后整体与 A_6 对应的 NMOS 管串联。电路结构如图 2.34 所示。

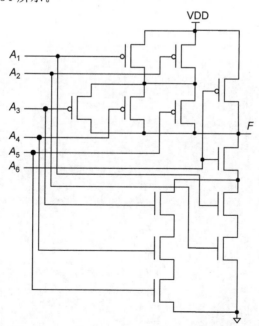

图 2.34 $F = \overline{A_1 A_2 + A_3 A_4 A_5 + A_6}$ 的上下拉网络实现

思 考 题

1. 利用基本逻辑门定理，证明如下式子。
   (1) $X+XY=X$ (2) $X(X+Y)=X$

2. 分别用2输入与非门和2输入或非门表示下列逻辑函数，并画出电路图。
   (1) $F=\overline{X_1X_2+X_3X_4+X_5X_6}$
   (2) $F=\overline{X_1X_2+X_3X_4} \cdot \overline{X_5X_6}$

3. 什么是上拉网络？什么是下拉网络？试分别将第2题中的两个逻辑函数表达式用上、下拉网络表示出来。

第 3 章 可编程逻辑器件原理

PLD 的发展在过去的 40 多年里经历了由简单到复杂、由简单的逻辑平面到逻辑块的过程。本章首先介绍 SPLD,然后介绍 CPLD,这两类器件都有共同点,即使用可编程的逻辑平面实现;接着介绍 FPGA,它不使用可编程逻辑平面,而是使用逻辑块实现。所有的可编程问题,实际上也是可编程开关的设计和实现问题。最后本章讲解了可编程开关的工艺、设计和实现技术。

3.1 简单可编程逻辑器件

SPLD 在过去的 40 年里是最重要的 PLD,在所有的 PLD 中,它的速度最快也最便宜。根据其内部结构和实现方式,可分为 PLA 和 PAL 两类。

3.1.1 可编程逻辑阵列

PLA 最早在 20 世纪 70 年代由 Phillips 公司提出,它由两级逻辑平面组成,分别是可编程的 AND 平面和可编程的 OR 平面,如图 3.1 所示。可见它提供两级可编程能力,非常适合实现乘积和形式的逻辑函数。例如,图 3.1 中实现了如下逻辑函数:

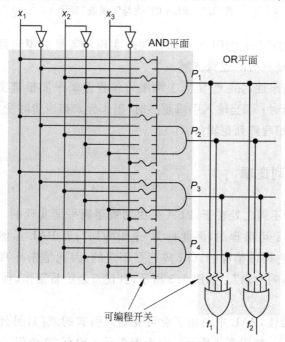

图 3.1 PLA 内部结构

$$f_1 = x_1 x_2 + x_1 \bar{x}_3 + \bar{x}_1 \bar{x}_2 x_3$$
$$f_2 = x_1 x_2 + x_1 x_3 + \bar{x}_1 \bar{x}_2 x_3$$

在该类芯片中,每个与门和或门都有固定的输入引脚数。在原始芯片中这些与门和或门的输入引脚都是通过熔丝与外部输入引脚及其非门连在一起的。在实现某逻辑函数时,将不需要的输入引脚连线断开即可。如图 3.1 所示,例如在节点 P_1 处实现 $P_1 = x_1 x_2$,在节点 P_2 处实现 $P_2 = x_1 \bar{x}_3$,在输出 f_1 处实现 $f_1 = P_1 + P_2 + P_3$ 等。

在实际画图中,为了方便表示,通常将与门和或门的输入表示为"线与"或"线或"的形式,如图 3.2 所示。例如,P_1 作为与门的输出,$P_1 = x_1 x_2$,可将与门的输入线与对应信号的交点处画"×"号表示连接,否则表示断开。

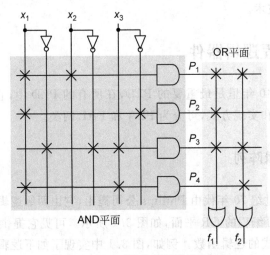

图 3.2　PLA 的"线与""线或"表示

PLA 有两方面的优势:①PLA 可以方便地实现所需要的逻辑函数;②通常作为大型芯片的一部分,实现灵活的逻辑控制。

但它也有一些局限性,如:①实际上两级可编程逻辑平面很难实现;②两级编程结构引入显著的传输延时;③当输入引脚更多时,制作起来相当费时费力。因此,为了克服上述缺点,引入了可编程阵列逻辑(PAL)。

3.1.2　可编程阵列逻辑

PAL 与 PLA 的不同之处在于,PLA 是由两级逻辑平面实现的,即 AND 阵列和 OR 阵列,这两级阵列都是可编程的,因此称为"逻辑阵列";而 PAL 虽然也是由两个平面组成,但仅有 AND 阵列是可编程的,OR 阵列是固定的,因此是先可编程 AND 阵列,后固定 OR 逻辑,称为"阵列逻辑"。如图 3.3 所示,其优点是更易制作,且有更好的性能,但缺点是缺少灵活性。

为了增强其灵活性,PAL 中增加了有可变输入引脚的或门,另外增加了或门输出的附加电路,称为宏单元,如图 3.4 所示。每个宏单元大约有 20 个门。

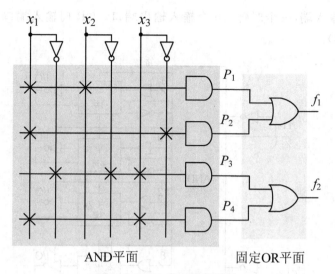

图 3.3 PAL 实现数字逻辑

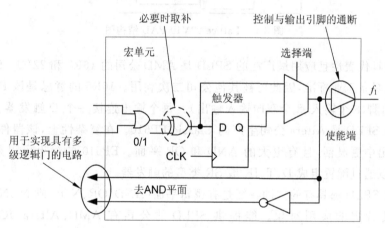

图 3.4 宏单元结构图

或门的输出首先接一个异或(XOR)门,用于控制或门输出是取反还是保持原值。这里当控制引脚为 1 时,异或门相当于非门;当控制引脚为 0 时,异或门相当于或门。经过处理后的或门输出经过 D 触发器后锁存。通过改变异或门的控制引脚输入端,可以获得与触发器输出端 Q 互补的值。将新获得的输出与 Q 端共同接到一个 2-1 选择器的输入端,通过控制选择端引脚的值,可选择返回与平面的输出值;或者引入到一个三态门的输入端,通过控制使能端使逻辑输出引到输出 f_1。

常见的商业 SPLD 产品有 Altera 公司的 Classic 系列、Atmel 公司的 PAL 系列和 Lattice 公司的 ispGAL 系列等。通常元件命名方式为

NN X MM-S

其中,NN 表示最大输入引脚数;MM 表示最大输出引脚数;X=R 时表示输出通过一个 D 触发器寄存;X=V 时表示是易失性的;S 表示速度级别。例如 22V10-1、16R8-2 等。

例如,Lattice 半导体公司的 22V10 PAL 结构如图 3.5 所示。其输入最多有 22 个引

脚,其中 11 个输入端,一个时钟,10 个输入输出端口。OR 门输入端口个数可变(可在 8~16 之间选择)。

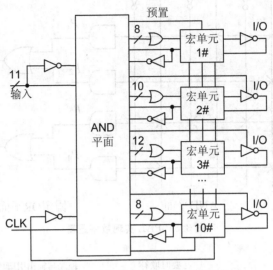

图 3.5　Lattice 22V10 PAL 结构图

　　两种最具代表性且应用最广泛的 SPLD 是 AMD 公司的 16R8 和 22V10 PAL。这两种 SPLD 都具备工业标准,因此可被其他公司二次利用。16R8 的意思是该 PAL 有最大 16 个输入引脚(8 个输入、8 个双向输入输出)。每个输出连接一个 D 触发器。另外一类广泛应用的 SPLD 是 Altera 公司生产的 Classic EP610。在复杂性上,该器件与 PAL 类似,但在输出中更灵活,且有更大的 AND 和 OR 平面。EP610 的输出可以是寄存器式的,它们可以通过配置组成 D、T、JK 或 SR 类型的触发器。

　　所有的 SPLD 都具有的共同特征是有逻辑平面(AND、OR、NOR 或 NAND),但每种器件都有其特定的应用对象。能提供 SPLD 的公司有 AMD、Altera、ICT、Lattice、Cypress 和 Philips-Signetcs、Xilinx 等。

3.2　复杂可编程逻辑器件

　　虽然 SPLD 有了一定的集成度,且在编程方面有了一定的灵活度,但在实际中很难将 SPLD 进行扩展以适应更复杂的应用。这是因为它随着输入引脚个数的增加,逻辑平面的结构会变得更复杂,规模更大。通常用的解决方法是将多个 SPLD 集成到一个芯片中,通过内部可编程连线将这些 SPLD 连接起来,称为 CPLD。

　　CPLD 通常包括 2~100 个类 PAL 块,内部连线通过可编程开关实现,在 CPLD 中,可编程开关数目非常关键。CPLD 在一个芯片上集成多个 SPLD,但 CPLD 并不是 SPLD 的简单组合,它的结构比 SPLD 更复杂。

　　目前市面上比较常用的是 Altera、AMD 和 Xilinx 公司的产品,下面介绍几种典型的 CPLD 结构。

3.2.1 Altera MAX 系列 CPLD

Altera 公司开发了多种 CPLD,如 MAX 5000 系列、MAX 7000 系列、MAX 9000 系列、MAX 10K 系列等。其中最具代表性的是 MAX 7000 系列,目前最常用的是 MAX 9000 系列。MAX 5000 技术比较旧,但性价比高,MAX 9000 和 MAX 7000 类似,但它能提供更大的逻辑容量。这里以常用的 MAX 7000 系列为例讲解其内部结构。

图 3.6 展示了 Altera MAX 7000 系列的内部结构。它由一组 LAB 和一组可编程内部连线(Programmable Interconnect Array,PIA)组成。PIA 可将输入输出引脚与内部的任意 LAB 相连。芯片的输入、输出引脚直连到 PIA 和 LAB 上。LAB 是非常复杂的类 SPLD 结构,因此,可将整个 CPLD 视为一个 SPLD 阵列。

图 3.7 显示了 LAB 的内部结构。每个 LAB 由两个宏单元阵列组成,每组有 8 个宏单元,因此每个 LAB 有 16 个宏单元。PIA 由分散在整个芯片中的导线组成,用于连接宏单元和芯片的输入输出引脚。

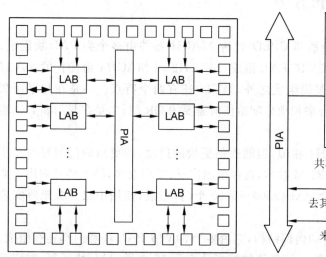

图 3.6 Altera MAX 7000 芯片整体结构

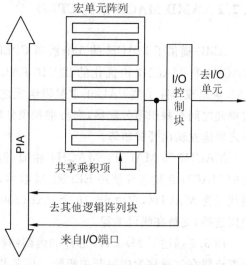

图 3.7 宏单元阵列结构

MAX 7000 中的宏单元是一组可编程乘积项(AND 平面的一部分),并将数据连接到 OR 门和一个触发器上,如图 3.8 所示。在宏单元乘积项选择矩阵中,可将可变数目的输入连到 OR 门上。宏单元中的 5 个乘积项可任意或全部 5 个连接到 OR 门。一个 OR 门最多可有 15 个外部乘积项输入。由于典型的逻辑函数很少超过 5 个乘积项,并且该结构在必要时可支持更多的函数,因此该结构效率较高。在 SPLD 中没有可变大小的 OR 门,但在 CPLD 中可以看到。MAX7000 系列器件中使用的 EPROM 和 EEPROM 技术,该系列可实现在线编程。

通过上述描述可见,MAX 7000 是由宽位输入可编程 AND 阵列加一个固定的窄位输入 OR 阵列组成。OR 门的输入可以是在其所对应的宏单元内的任意乘积项,也可以

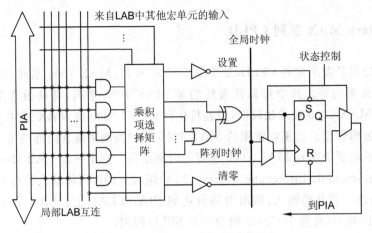

图 3.8 MAX 7000 中的宏单元结构

是位于同一个 LAB 中的其他宏单元的乘积项。

3.2.2 AMD MACH 系列 CPLD

AMD 提供了 MACH 的 5 个系列 CPLD,每种 MACH 器件由多个类 PAL 块组成。MACH1 和 MACH2 由优化的 22V16 PAL 组成,MACH3 和 MACH4 由优化的 34V16 PAL 块组成。除了类 PAL 正常逻辑组成之外,34V16 还有两个特点。一是在与平面和宏单元之间有乘积项分配器,它将乘积项分配给任何需要的 OR 门;二是在与门和 I/O 端口之间建立输出开关矩阵。

MACH5 和 MACH3、MACH4 相似,但能提供更快的速度,即更短的门间延时。所有的 MACH 系列芯片使用 EEPROM 技术,选择范围广泛、类型繁多,满足各种应用。典型代表为 MACH4,它由 6~16 个 PAL(2000~5000 个门)组成,使用中央开关矩阵实现块间连接,支持在线可编程。

图 3.9 描述了 MACH4 芯片的内部结构,它由多个 34V16 PAL 块和内部连线组成。内部连线在这里称为中央开关矩阵。该芯片的规模从 6 到 16 个类 PAL 块不等,对应于大约 2000 到 5000 个等效门。类 PAL 块之间的所有连接都通过中央开关矩阵实现,因此该芯片不是简单的类 PAL 块组合,而是单个芯片系统。

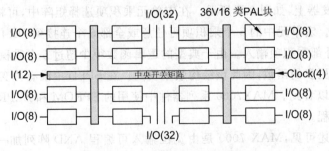

图 3.9 AMD MACH4 芯片的结构

图 3.10 显示了 MACH4 中类 PAL 块的内部结构。它有 16 个输出,共计 34 个输入,因此其对应于一个 34V16 PAL。但它与常见的 PAL 有两处显著的不同:①MACH4 在 AND 平面和宏单元之间设有乘积项分配器;②MACH4 中的或门和 I/O 引脚之间使用输出开关矩阵。这两个特征说明类 PAL 块内部的组成部分之间是解耦的,因此该芯片应用起来比较灵活。更具体一点来说,乘积项分配器用于分配 AND 平面上的乘积项给有乘积项需求的或门,因此会比常规的 PAL 中的固定规模的或门配置更灵活。输出开关矩阵可以使任何宏单元的输出驱动每一个连接在类 PAL 块上的 I/O 引脚,因此比传统的 PAL 更灵活。在类 PAL 块中,每个宏单元仅能驱动一个特定的 I/O 引脚。MACH4 的在系统("在系统"是术语)可编程能力和高度灵活性使设计过程变得更方便。

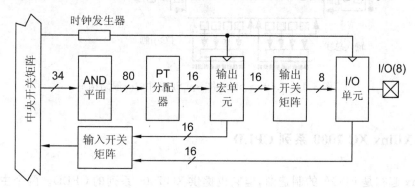

图 3.10　MACH4 34V16 类 PAL 块

3.2.3　Lattice pLSI 和 ispLSI 系列 CPLD

Lattice 公司的 CPLD 有两个生产线,分别生产 pLSI 和 ispLSI 系列。每个系列有 3 种基于 EEPROM 的 CPLD 可供选择。这些 CPLD 有不同的逻辑容量和速度性能。其中,ispLSI 是系统可编程的。Lattice 最早的芯片是 pLSI 和 ispLSI1000 系列,每个芯片由一组类 SPLD 块组成,块与块之间利用全局布线池连接。芯片的逻辑容量从 1200 门到 4000 门不等,引脚与引脚之间的延时为 10ns。后来 Lattice 生产的 ispLSI2000 系列产品延时相对较小,门数在 600 到 2000 之间,速度更快,引脚与引脚之间的延时为 5.5ns。

Lattice 3000 系列是该公司比较典型的 CPLD,有 5000 个门,10~15ns 的引脚间延时。ispLSI 3000 有些接近 MACH4。图 3.11 展示了一个 Lattice pLSI 和 ispLSI 器件的一般结构。器件周围是双向 I/O 口,每个 I/O 口都连接到通用逻辑块和全局布线池。通用逻辑块是小型的类 PAL 块,由一个 AND 平面、乘积项分配器和宏单元组成。全局布线池是一组散布在芯片中的导线,用于连接通用逻辑块的输入和输出。所有的内部连线都通过全局布线池,因此,各逻辑层次之间的时序是完全可预测的,这些性能与 MACH 系列器件一样。

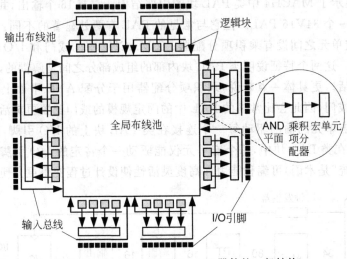

图 3.11 Lattice pLSI 和 ispLSI 器件的一般结构

3.2.4 Xilinx XC 7000 系列 CPLD

Xilinx 起初是 FPGA 的制造商,但它也提供 XC 7000 系列的 CPLD。两个主要的 XC 7000 系列 CPLD 是 XC 7200 和 XC 7300。XC 7200 是中等偏下规模的器件,有 600~1500 个门的容量,引脚间延时为 25ns。芯片由一组类 SPLD 块组成,每个类 SPLD 块包含 9 个宏单元,每个宏单元由两个或门组成,每个或门作为一个 2 位算术逻辑单元的输入。算术逻辑单元可产生两个输入的任意函数,其输入馈至一个可配置的触发器。XC 7300 系列是 XC 7200 系列的增强版,它有更大的容量(3000 门)、更好的速度性能。另外,Xilinx 还有 XC 9500 系列的产品,它在线可编程,引脚间延时是 5ns,可达到 6200 个逻辑门。

3.2.5 Altera FlashLogic

Altera FlashLogic 早期称为 Intel FlexLogic,是一款在线可编程、可片选 SRAM 块的芯片。图 3.12 展示了 FlashLogic CPLD 的结构,它由称为可配置功能块(Configurable Function Block,CFB)的类 PAL 块组成。每个 CFB 表示一个优化的 24V10 PAL。

FlashLogic 的基本结构与前面所描述的 CPLD 结构类似,但它与其他 CPLD 的不同之处在于它使用 10ns SRAM 块代替 AND/OR 逻辑。图 3.13(a) 展示了配置成 PAL 的一个 CFB。图 3.13(b) 展示了配置成 SRAM 的 CFB。在 SRAM 的配置中,类 PAL 块称为一个 128 字×10 位的读写存储器。进入 PAL 中 AND 平面的输入为地址线、数据线或控制信号,在 SRAM 配置中还可有触发器和三态缓冲器。

在 FlashLogic 器件中,AND/OR 逻辑平面的配置位是连接到 EPROM 或 EEPROM 单元中的 SRAM 单元。用户可以在线配置芯片(通过向 SRAM 中下载新的信息),可以

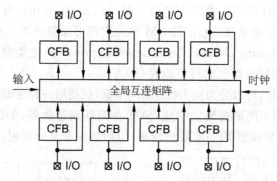

图 3.12 Altera FlashLogic CPLD 的结构

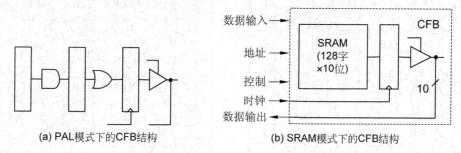

(a) PAL模式下的CFB结构　　　(b) SRAM模式下的CFB结构

图 3.13 不同配置下的 CFB

通过将 SRAM 单元的内容写入 EPROM,实现与 SRAM 单元的重编程。

除上述典型的 CPLD 之外,还有 Cypress 公司的 Flash370、ICT 公司的 PEEL 等,由于这些器件在应用市场上非主流,在这里不做详细介绍,读者可参阅参考文献[8]。

3.3 现场可编程逻辑门阵列

FPGA 是目前市场上应用最广的半导体器件。与 CPLD 不同,FPGA 主要由 3 部分组成(见图 3.14):①逻辑块,分为一般逻辑块、存储器块、选择器块;②可编程布线开关,使用可编程纵横布线通道,将块与块、块与 I/O 口互连起来;③I/O 块,将芯片同外界相连。

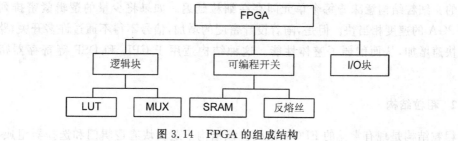

图 3.14 FPGA 的组成结构

根据制造工艺,FPGA 主要有两类:分别是基于 SRAM 的 FPGA 和基于反熔丝的

FPGA。基于 SRAM 的 FPGA 主要生产公司是 Altera 和 Xilinx，可重编程、重配置。该类芯片使用查找表实现逻辑块，使用 SRAM 单元实现可编程开关。基于反熔丝的 FPGA 主要生产商有 Actel、Lattice、Xilinx、QuickLogic、Cypress 等，这类器件是一次性的，使用选择器实现逻辑块，使用反熔丝实现可编程开关。

根据 FPGA 的结构，可以分为两大类：①同质型，仅使用一种逻辑块组成，如图 3.15(a) 所示；②异质型，使用不同的逻辑块组成，例如存储器或选择器，如图 3.15(b) 所示。在实现特定功能函数时异质型 FPGA 效率较高，但如果没有充分利用，会造成浪费。

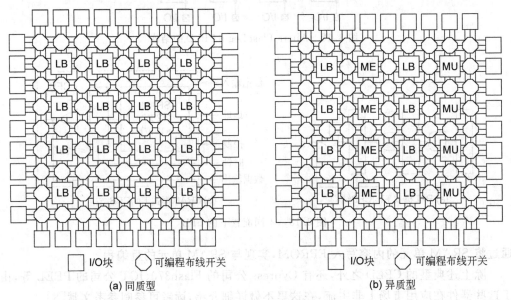

图 3.15　FPGA 结构的组成

在图 3.15 中，外围方块为 I/O 口，用于驱动外围信号和接收外部信号；六边形为可编程布线开关矩阵。逻辑块被开关矩阵包围，通过对开关矩阵编程实现逻辑块之间的互连。

根据 FPGA 的架构，可以分为 3 大类，分别为细粒结构、粗粒结构和系统级 FPGA。

1. 细粒结构

这是早期的 FPGA 结构。在该结构下，逻辑块由逻辑门加寄存器组成，是寄存器密集型的。细粒结构意味着每个单元间存在细粒延迟。如果将少量的逻辑紧密排列在一起，FPGA 的速度相当快。但是，随着设计密度的增加，信号不得不通过许多开关，路由延迟也快速增加，从而削弱了整体性能。这种结构适用于 CPU 和 DSP 等寄存器密集型设计。

2. 粗粒结构

粗粒结构是现有常见的 FPGA 结构。该结构下逻辑块有逻辑门和选择器组成，含有多位算术逻辑单元和多位寄存器。该结构适合逻辑密集型应用，如状态机和地址解码器逻辑等。该结构有很好的执行效率。

3. 系统级 FPGA

系统级 FPGA 有更复杂的逻辑块，能够在软件中运行函数的 CPU/PowerPC、PCI 总线、RAM、PLL 等。当前在异质平台上整合微处理器和 FPGA 的概念非常有吸引力，在这个可编程平台上，使用微处理器实现 DSP 系统中的控制功能，FPGA 实现数据处理功能。在系统级应用中，用户可以有很大的自由度去定义适合于不同应用的最佳结构。

3.3.1 逻辑块

逻辑块是 FPGA 中最重要的组成部分，它提供在数字逻辑系统中用到的基本计算和存储单元，它用来实现逻辑函数。在 FPGA 中，一个逻辑块有很少数量的输入输出，它比标准 CMOS 门更加复杂，具体表现在对于一个 CMOS 门来讲，它仅能实现一个固定的逻辑函数，而 FPGA 逻辑块通过配置可以实现不同的逻辑函数。

逻辑块有两种不同实现法方法：一种是基于查找表的；另一种是基于选择器的。基于查找表的逻辑块使用 SRAM 技术实现，而基于选择器的逻辑块多数根据香农定理使用 2-1 选择电路实现。

1. SRAM 电路原理

常用的 SRAM 是六管 SRAM 结构用于数据的存储、读入和写出，外加控制电路组成，如图 3.16 所示。其主体部分实际上是两个相互耦合的非门，或者看成一个变形的 RS 寄存器。数据存储在中间的 4 个晶体管 N1、N3、P1、P2 中。当控制端 WL=0 时，保持数据；当 WL=1 时，进行数据的读写操作。读操作将 Data 和 $\overline{\text{Data}}$ 复制到 Bit 和 $\overline{\text{Bit}}$，写操作将 Bit 和 $\overline{\text{Bit}}$ 值复制到 Data 和 $\overline{\text{Data}}$。

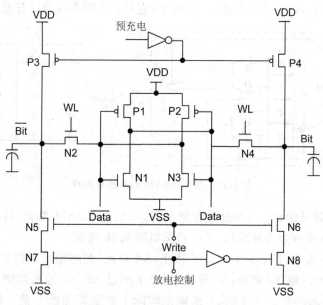

图 3.16 六管 SRAM 原理图

1) 读操作

首先将预充电控制端置 1，WL 端置 0，Write 置 0，此时 P3、P4 两个晶体管导通，P5、P6 两个晶体管对 Bit 和 $\overline{\text{Bit}}$ 充电，两者都到高电平。

然后将 WL 置 1，预充电控制端置 0。若 Data=1，则 $\overline{\text{Data}}$=0。此时 N2 和 N4 门控管导通，N3 存储管导通，$\overline{\text{Bit}}$ 上的电荷通过 N2、N3 放电，因此 $\overline{\text{Bit}}$=0；N1 截止、P1 导通，Bit 通过 N4、P1 充电，Bit=1。同样地，若 Data=0，$\overline{\text{Data}}$=1，此时 N3 截止，P2 导通，$\overline{\text{Bit}}$通过 P2、N2 充电，因此 $\overline{\text{Bit}}$=1；N1 导通，P1 截止，Bit 通过 N4、N1 放电，因此 Bit=0。

2) 写操作

首先将预充电置 1，WL 置 0，分别对 Bit 和 $\overline{\text{Bit}}$ 充电，两者都是高电平。充电后预充电置 0。启动放电控制端对要写入的 Bit 进行设置。若 Bit=1，则需要 $\overline{\text{Bit}}$=0。将 Write 置 1，放电控制端置 1，则 N5、N7 导通，N8 截止，因此 $\overline{\text{Bit}}$通过 N5、N7 放电，结果为 0，而 Bit 端仍然保持为 1。若 Bit=0，则需要 $\overline{\text{Bit}}$=1，将放电控制端置 0，Write 置 1，则 N6、N8 导通，N7 截止，因此 Bit 通过 N6、N8 放电，结果为 0，$\overline{\text{Bit}}$端仍然保持为 1。这样就实现了输入位 Bit 和 $\overline{\text{Bit}}$的设置。

然后将 WL 置 1，门控管 N2、N4 导通。若 Bit=1，则 Data=1，N3 导通，P2 截止，$\overline{\text{Bit}}$通过 N3 接地，因此 $\overline{\text{Data}}$=0；P1 导通、N1 截止，因此 Data 通过 P1 连接到 VDD，保持为 1。这样就完成了整个的数据存储过程。

2. 基于 SRAM 的查找表

SRAM 单元有两类主要应用：一类是实现可编程开关；另一类是作为查找表实现逻辑功能。可编程开关将在稍后章节中讲述，本节主要讲述作为查找表实现逻辑功能的方法。

基于查找表的逻辑块使用在基于 SRAM 的 FPGA 中，它使用一位存储单元实现逻辑函数，例如，两输入的查找表如图 3.17 所示，它可以实现两变量的任意逻辑函数。

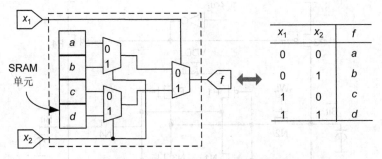

图 3.17 基于 SRAM 的查找表原理

查找表由两部分组成：一部分是存储单元，一般是 SRAM 单元；另一部分是选择存储位的配置电路（或称为选择器）。其电路图如图 3.18 所示。

在图 3.18 右部中，当 x_1=0 时，N5 截止，N6 导通，此时输出引脚 f 通过 N6 与 N2、N4 相连。若 x_2=0，则 N2 截止，N4 导通，因此 f 通过 N6、N4 连到存储 a 值的 SRAM 单元，也就是说，当 x_1=0、x_2=0 时，f 的输出实际上就是存储的 a 值。同样也可以分析

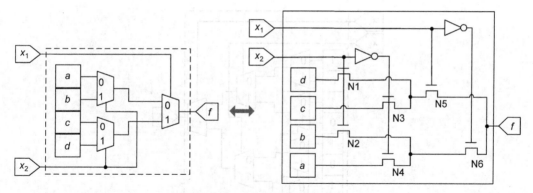

图 3.18 查找表电路原理图

$x_1=0$、$x_2=1$ 等诸情况下的输出 f 值。可以总结如下：若给定 $f=f(x_1,x_2)$ 表达式，SRAM 中存储的值为该表达式真值表的输出时，该查找表实现的就是该逻辑关系。

例如，要实现同或逻辑：

$$f = \bar{x}_1 \bar{x}_2 + x_1 x_2$$

首先计算其真值表，然后将真值表的输出填入 SRAM 单元，如图 3.19 所示。

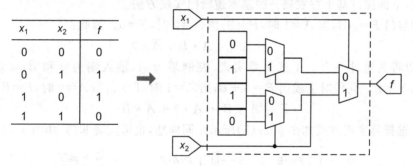

图 3.19 使用查找表实现异或逻辑

三输入的查找表结构如图 3.20 所示，它可以实现任意 3 个输入的逻辑函数。例如，该图就实现了逻辑 $f=x_1 x_2 + \bar{x}_3$。

常用的商业 FPGA 逻辑块含有 4～6 个输入，例如，四输入查找表的芯片有 Xilinx XC 4000，Xilinx Virtex 1-4 系列，Altera 的 FLEX、Cyclone、Stratix Ⅰ 等。6 输入的查找表芯片有 Xilinx Virtex 5 和 Altera Stratix Ⅱ 等。

在 LUT 中的存储单元是 SRAM，注意 SRAM 是易失型的，即掉电之后丢失所存储的数据，所以这种类型的 FPGA 在掉电后必须重新编程。为克服这些局限性，通常使用一块比较小的存储芯片，如 PROM，长期存储查找表中的数据内容，当加电后 LUT 自动从 PROM 中装载这些数据。

3. 基于选择器的逻辑块

在基于反熔丝技术的 FPGA 中的逻辑块通常使用选择器实现，使用选择器实现的函数通常基于香农展开，即任何一个逻辑函数 $f(x_1,x_2,\cdots,x_n)$ 可以写为

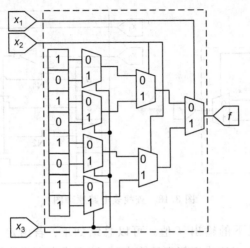

图 3.20 三输入查找表之例

$$f(x_1,x_2,\cdots,x_n)=x_k f(x_1,x_2,\cdots,x_{k-1},1,x_{k+1},\cdots,x_n)$$
$$+\bar{x}_k f(x_1,x_2,\cdots,x_{k-1},1,x_{k+1},\cdots,x_n)$$

根据上式,下面探讨基于香农展开的基本逻辑门实现方法。

对于与门 $F=AB$,当 $A=1$ 时,$F=B$;当 $A=0$ 时,$F=0$。因此:

$$F=AB=A\cdot B+\bar{A}\cdot 0$$

这样,可以将其通过一个 2-1 选择器实现,控制端为 A,输入端为 0 和 B,实现方式如图 3.21(a)所示。同样对于或门 $F=A+B$,当 $A=1$ 时,$F=1$,当 $A=0$ 时,$F=B$,因此有:

$$F=A+B=A\cdot 1+\bar{A}\cdot B$$

通过 2-1 选择器实现方式如图 3.21(b)所示。同样地,也可实现非门,如图 3.21(c)所示。

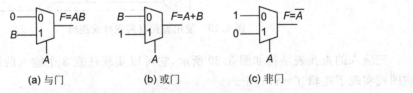

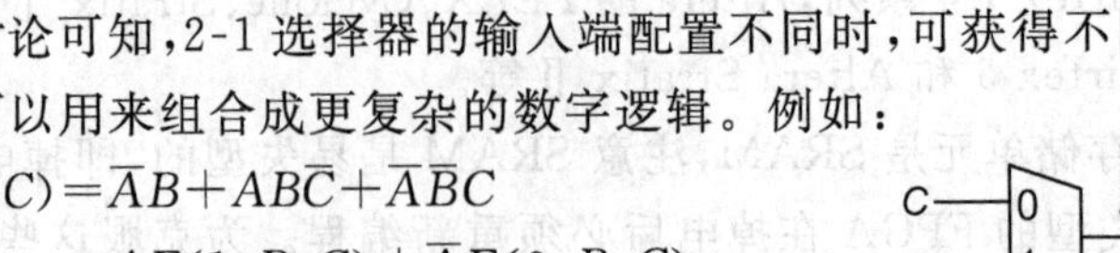

(a) 与门　　　　　　(b) 或门　　　　　　(c) 非门

图 3.21 基本逻辑门的 2-1 电路实现

通过上面的讨论可知,2-1 选择器的输入端配置不同时,可获得不同的逻辑门,因此,使用 2-1 选择器可以用来组合成更复杂的数字逻辑。例如:

$$F(A,B,C)=\bar{A}B+AB\bar{C}+\bar{A}BC$$
$$=AF(1,B,C)+\bar{A}F(0,B,C)$$
$$=A(B\bar{C})+\bar{A}(B+\bar{B}C)$$

$$F_1=B\bar{C}=B\bar{C}+\bar{B}\cdot 0$$
$$F_2=B+\bar{B}C=B\cdot 1+\bar{B}C$$

因此可用 3 个 2-1 选择器实现,如图 3.22 所示。

再如逻辑函数表达式:

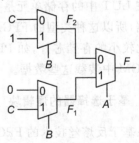

图 3.22 $F(A,B,C)$ 的实现过程

$$f = \overline{\overline{x_1 x_2 + x_3 x_4} + \overline{x_5}}$$

根据香农展开公式，其过程为

$$f = x_5 \overline{\overline{x_1 x_2 + x_3 x_4} + \overline{x_5}} \cdot 1 = x_5 F_1 + \overline{x_5} \cdot 1$$
$$F_1 = x_1 \overline{\overline{x_2 + x_3 x_4} + \overline{x_1}} \cdot \overline{x_3 x_4} = x_1 F_2 + \overline{x_1} F_3$$
$$F_2 = x_2 \cdot 0 + \overline{x_2} \cdot \overline{x_3 x_4} = x_2 \cdot 0 + \overline{x_2} F_3$$
$$F_3 = x_3 \overline{x_4} + \overline{x_3} \cdot 1 = x_3 F_4 + \overline{x_3} \cdot 1$$
$$F_4 = \overline{x_4} = x_4 \cdot 0 + \overline{x_4} \cdot 1$$

其实现过程如图 3.23 所示。

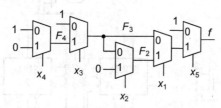

图 3.23　$f = \overline{\overline{x_1 x_2 + x_3 x_4} + \overline{x_5}}$ 的选择器实现过程

3.3.2　可编程开关

可编程开关用于连接 FPGA 中逻辑块和 I/O 口，组成通路。它在可编程互连线中设置所选择的线路，即对 PIA 编程。它是实现自定义 PLD 的关键。最初的可编程开关是 PLA 中使用的熔丝，熔丝技术至今仍然在一些小规模的 PLD 中使用，但随着微电子工艺的不断发展，熔丝工艺很快就被新的技术所替代。在高密度器件中，CMOS 工艺主导着 IC 工业，并且有不同的可编程开关制作方法。对于 CPLD 来讲，商业应用中的主要开关技术是基于浮栅晶体管（Floating Gate Transistor，FGT）的 EEPROM 或 Flash。对于 FPGA 而言，其开关是 SRAM 和反熔丝。

1. 基于 SRAM 的可编程开关

基于 SRAM 的可编程开关应用方式如图 3.24 所示。

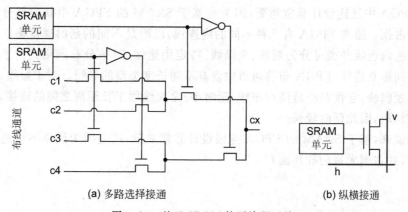

图 3.24　基于 SRAM 的可编程开关

图 3.24(a)是一个 4-1 选择器,通过对 SRAM 单元的配置,可将 cx 通道与 c1、c2、c3、c4 中的任意一个通道相连接,从而达到布线目的。图 3.24(b)是将 FPGA 中的两个纵横通道的连接控制方法。若将 SRAM 单元置 1,则晶体管导通,V 和 H 两个通道将被连接;否则两个通道断开。使用 SRAM 单元连接纵横通道,形成布线通道,如图 3.25 所示,其中空心圆圈表示节点上的纵横线断开,实心圆圈表示节点上的纵横线相连。该例实现了逻辑块 1 的 A 端口和逻辑块 4 的 B 端口之间的连接。

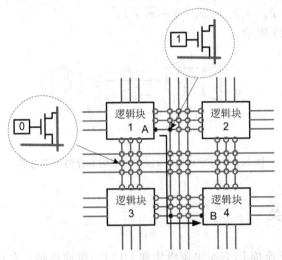

图 3.25 在 FPGA 中 SRAM 连通逻辑块的过程

当编程时,配置位加载入 LUT 和 PIA 的 SRAM 单元中。图 3.26 描述了实现逻辑函数 $F=\overline{A}+B+\overline{C}$ 的过程。逻辑单元 1 中实现逻辑函数 $F=A\overline{B}$,在逻辑单元 2 中实现逻辑函数 $F=\overline{AB}$。通过配置可编程互连节点 1、2、3,实现纵横通道的连接并将两个逻辑单元相互连接,实现所期望的逻辑函数。

基于 SRAM 的 FPGA 有两种配置方式:一种是直接通过下载电缆从 PC 中下载配置位,这种方式适于做原理样机和调试模式,在生产模式下不可靠;另一种是将配置位存入 PCB 板上的 PROM 中,加电后自动载入 FPGA。后种配置方式是成品后的配置方法,是一种可靠的生产方式。

在 FPGA 中互连设计非常重要,因为在基于 SRAM 的 FPGA 中其大部分面积被布线开关所占据。通常 FPGA 有几种不同的内连线,以满足不同的延时速度需求和自定义操作。这些内连线种类可分为短线、全局线、特定用途线、时钟分布网络。为了有效地在逻辑块之间建立连接,FPGA 布线通道中含有不同长度类型的导线。对于短线,它仅用于连接局部逻辑块,它仅在小范围内布线,延时小;全局线用于长距离之间的连接,用于连接不同的逻辑块,因此延时较长。

总的说来,基于 SRAM 的 FPGA 连线设计非常复杂,这是因为线路不可避免引入显著的延时,并占据大量的硅片面积。

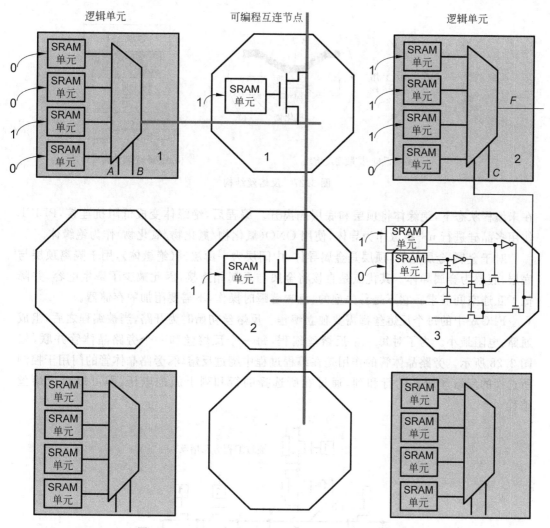

图 3.26　FPGA 中基于 SRAM 的可编程开关编程实例

2. 反熔丝可编程开关

反熔丝可编程开关的基本材料是反熔丝,通过在其上施加一个电压实现编程操作。在正常状态下,反熔丝表现为高阻连接;当编程(施加电压)之后,其阻值很小。需要注意的是,反熔丝与 SRAM 不同,它实现的是永久编程。

通常反熔丝有两种基本结构:一种是多晶硅-扩散层结构,制造商代表为 Actel,这种结构如图 3.27(a)所示;另一种是金属-金属结构,如图 3.27(b)所示。

反熔丝利用改进的 CMOS 工艺生产实现。由三层组成:顶层和底层是导体,中间是绝缘体。另外有些反熔丝技术使用金属作为导体,非结晶硅作为中间的绝缘层。

对于多晶硅-扩散层结构,反熔丝位于两根内部连线之间,顶层是多晶硅(导体),中间层是绝缘体(用于将顶层和底层隔离开,通常是非结晶硅或氧化硅),底层是 n+扩散层。

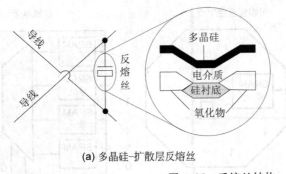

(a) 多晶硅-扩散层反熔丝　　(b) 金属-金属结构反熔丝

图 3.27　反熔丝结构

在未编程状态下，绝缘体将顶层和底层隔离开。编程后，绝缘体变成低阻抗连接，PLICE 使用多晶硅进行 n+ 扩散作为导体，使用 ONO(氧化物/氮化物/氧化物)作为绝缘体。

对于金属-金属结构，顶层是金属导体，中间层为一薄层硅(绝缘体)，用于隔离顶层与底层，底层为金属导体。其优点是直接将金属与金属相连接，因此减少了寄生电容，并降低了互连空间需求。它不是易失型的，意味着瞬时操作，不需要附加的存储器。

FPGA 中的每个反熔丝都需要独立编程。反熔丝初始时为开路，当被编程之后，组成通路，电阻最小。为了对每一个反熔丝编程，每一个反熔丝和一个旁路晶体管并联，如图 3.28 所示。旁路晶体管的作用是在编程过程中绕过反熔丝，旁路晶体管的门用于控制所选择的反熔丝所在的行和列，通过在所选择的行和列上施加电压，即可以对反熔丝编程。

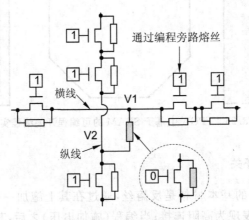

图 3.28　反熔丝编程

反熔丝技术延长了连接路径，与 SRAM 型 FPGA 中的旁路晶体管相比，它将带来更多的延时。另外，它需要非标准的 CMOS 处理，在生产中落后于 SRAM 型技术；难于实现深亚微米电路；另外它不可重编程。

虽然反熔丝器件和 SRAM 器件一样能够实现时序逻辑，但反熔丝器件不能实现重配置和擦除。实际上，一个包含几万门的大型设计往往需要很多次测试、验证、修改等迭代过程完成。虽然计算机仿真能够发现设计错误，但设计人员往往需要对硬件的实际测试，以发现设计过程中的时序错误。在硬件测试中,使用反熔丝器件会带来非常高的设计成本。

3. 基于 EEPROM/Flash 的可编程开关

PROM 是第一种用户可编程芯片,它有固定的 AND 平面和可编程的 OR 平面。逻辑电路可通过使用 PROM 的地址线作为电路输入,电路的输出可被所有存储的位值定义。通过这种方式,可实现任意的真值表。PROM 有两种基本工作方式:一种是掩模可编程,它仅在生产过程中实现,在这种方式下芯片内部有很少的延时,这是因为在生产过程中,所有的连接都被硬件化了;另一种是现场可编程,可由用户对其编程,这种芯片类型包括 EPROM 和 EEPROM 两种。

EPROM/EEPROM 的工作原理是基于浮栅场效应管,如图 3.29 所示。浮栅埋在二氧化硅绝缘层,处于悬浮状态,不与外界导通,注入电荷后可长期保存。浮栅注入电子时,晶体管截止;浮栅电子释放后,晶体管导通。

作为可编程开关,EPROM/EEPROM 通常用在 CPLD 中,制造商在两根导线之间放置一浮栅晶体管实现"线与"功能。图 3.30 展示了连接在 AND 平面上的 EPROM 晶体管。EPROM 一旦被编程,将成开路状态,字线和位线断开,此时字线不在乘积项中。若输入是期望的乘积项,则到 AND 平面上的输入可通过 EPROM 晶体管驱动乘积线为逻辑 0;若输入与乘积项不匹配,则对应的晶体管将截止。

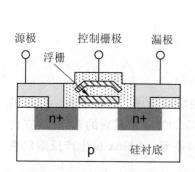

图 3.29 EPROM 晶体管

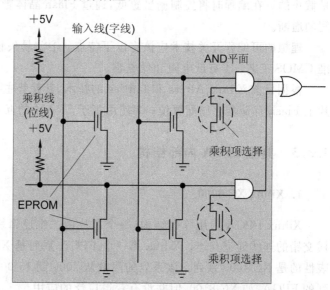

图 3.30 EPROM 可编程开关

通过乘积项选择晶体管,编程控制乘积项进入 OR 平面。若晶体管值为 1,则允许与之相连的乘积项进入 OR 平面,否则将与门输出置零。

Flash 与 EPROM/EEPROM 有相似的工作原理,也是基于浮栅晶体管结构。图 3.31 展示了 Flash 作为可编程开关的原理。Flash 由源极、漏极、栅极和衬底等组成,主要是利用电场的效应来控制源极与漏极之间的通断,栅极的电流消耗极小;不同的是场效应管为单栅极结构,而 Flash 为双栅极结构,在栅极与硅衬底之间增加了一个浮置栅极。

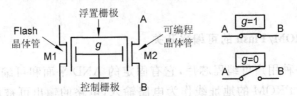

图 3.31　Flash 作为可编程开关原理图

浮置栅极是由氮化物夹在两层二氧化硅材料之间构成的,中间的氮化物就是可以存储电荷的电荷势阱。上下两层氧化物的厚度大于 50 埃,以避免发生击穿。

向数据单元内写入数据的过程就是向电荷势阱注入电荷的过程,写入数据有两种技术,即热电子注入和 F-N 隧道效应,前一种是通过源极给浮栅充电,后一种是通过硅基层给浮栅充电。NOR 型 Flash 通过热电子注入方式给浮栅充电,而 NAND 则通过 F-N 隧道效应给浮栅充电。在图 3.31 中,将 M1 管的源极与漏极置为高电平,即可对浮栅充电。对于浮栅中有电荷的单元来说,由于浮栅的感应作用,在源极和漏极之间将形成带正电的空间电荷区,这时无论控制栅极上有没有施加偏置电压,晶体管 M2 都将处于导通状态。而对于浮栅中没有电荷的晶体管来说只有当控制极上施加有适当的偏置电压,在硅基层上感应出电荷,源极和漏极才能导通,也就是说在没有给控制极施加偏置电压时,晶体管是截止的。在编程时将控制栅极置低,通过 Flash 晶体管为浮动栅极充放电实现 A、B 之间的通断。

理想的可编程开关技术应该有以下特点:①非易失性;②无限可重编程;③基于标准 CMOS 工艺;④有低电阻和低电容。

根据目前 Xilinx、Altera 和 Lattice 的技术,其趋势主要表现在如下两个方面:①使用片上 Flash 存储器存储配置位;②使用基于 SRAM 的互连开关。

3.3.3　典型 FPGA 内部结构

1. Xilinx XC 4000

Xilinx FPGA 采用阵列结构,每个芯片由二维逻辑块阵列组成。这些逻辑块使用纵横交错的连线通道互连。Xilinx 第一个 FPGA 系列是 XC 2000。在其后的系列中,有代表性的是 XC 4000 系列。该系列的门数从 2000 到 15 000 不等。Xilinx 也生产反熔丝系列的 FPGA,如 XC 8100,但并没有获得广泛的应用。

XC 4000 的特征是使用基于查找表的 CLB。查找表可理解为输出为 1 位宽的存储器系列,其地址线是逻辑块的输入,1 位宽的输出即是查找表的输出。k 位输入的查找表对应一个 2^k 位的存储器,用户可以通过编程逻辑函数的真值表直接实现 k 输入的逻辑函数。在图 3.32 的配置中,一个 XC 4000 CLB 包含 2 个四输入的查找表,另外一个查找表为两输入的,其输入端为前两个查找表的输出。这种方式可将 CLB 实现大范围的逻辑函数,最多可达 9 个输入端,也可实现两个独立的输入逻辑。每个 CLB 包含两个触发器。

另外，每个 CLB 包含高效计算电路（即实现快速进位加法）。用户还可以将其配置为读写 RAM 单元。

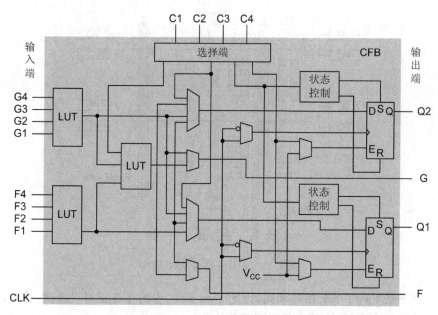

图 3.32 Xilinx XC 4000 可配置逻辑块

XC 4000 使用纵横内部连线实现 CLB 之间的互连。每个通道包含有分布在单个 CLB 之间的短线和分布在两个 CLB 之间的长线和分布在整个芯片中的超长线。使用图 3.27 所示的可编程开关可将 CLB 的输入和输出端连接到上述导线段上，也可实现线段之间的连接。Xilinx 芯片内部 CLB 之间的连接都要通过可编程开关，所经过开关的数目依赖于所使用的线集合。因此，所设计的芯片速度依赖于 EDA 布线工具的算法。

2. Altera Flex 8000

这里以典型的 Altera Flex 8000 器件讲述 Altera 公司的 FPGA 结构。Altera Flex 8000 系列组合了 FPGA 和 CPLD 技术。器件由三层组成，有些类似于 CPLD，但最底层由一组查找表组成，而不是 SPLD 块。基于 SRAM 的 Flex 8000 系列使用四输入的查找表作为其基本 LE，每 8 个 LE 组成一个 LAB，它使用特有的快速通道（FastTrack）作为芯片中的纵横互连线，如图 3.33 所示。

LE 是 Flex 8000 FPGA 内部最小的逻辑组成部分，一个 LE 主要由一个四输入查找表和一个可编程触发器、用于算术运算模式的进位电路和实现更多输入的 AND 逻辑函数的级联电路组成。FastTrack 提供 Flex 8000 器件内部信号的互连和器件引脚之间的信号互连，它是贯通器件长、宽的快速连续通道，由遍布整个器件的行连线带和列连线带组成的。

将 8 个 LE 组成一个 LAB，每个 LAB 包含局部互连线，每个局部互连线可以连接同一 LAB 内的任意两个 LE。局部连线与 FastTrack 相连。正如 Xilinx XC 4000 中的长线一样，FastTrack 是全局纵横连线，但不同的是 FastTrack 仅有长线，更易于 EDA 工具自

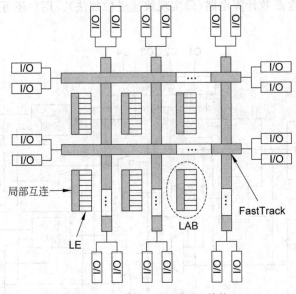

图 3.33 Altera Flex 8000 结构

动配置。所有的 FastTrack 横线相同,因此 Flex 8000 中的互连延时可预测,另外,纵横线之间的连接通过有源缓冲,更增强了可预测性。

Flex 8000 中的 LE 有两种工作模式:一种是实现普通组合逻辑功能的正常模式;另一种是用于加法器、计数器和比较器等算术功能的算术运算模式。

LE 在正常模式下,LUT 实现通用的四输入组合逻辑函数,如图 3.34 所示。LUT 的组合逻辑输出可直接输出到 FastTrack 上,也可通过级联链路进入下一个 LE 的级联链路输入端,实现更复杂的逻辑级联输出。使用级联的目的是增加扇入。逻辑和级联输出可之间连入 FastTrack。通过级联链路将不同的 LE 中的触发器串联起来,实现移位寄存器功能。

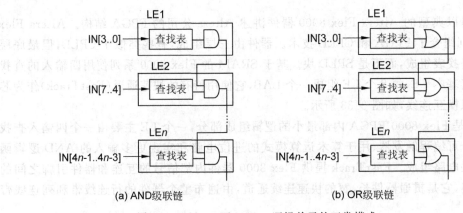

图 3.34 Altera Flex 8000 逻辑单元的正常模式

LE 在算术运算模式下,四输入的查找表被配置成 4 个两输入的 LUT,用于计算 2 个位的相加之和与进位值,如图 3.35 所示。在同一个 LAB 中有 8 个 LE,每个 LE 被配置成算术运算模式后,接收进位位,根据加法运算原理通过查找表分别获取加和结果和进位值。每位加和结果输出到 S_n,其中 n 为 LE 序号;进位结果依次作为下一个 LE 的进位输入,从而在 LAB 中将 8 个 LE 配置成一个 8 位加法器。

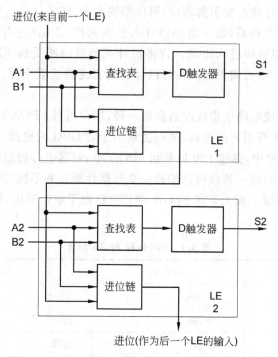

图 3.35　Altera Flex 8000 逻辑单元的算术运算模式

此后 Altera 推出的 Flex 10K 系列器件首次采用嵌入式阵列,其容量高达 250 000 门。由于它的高密度和易于在设计中实现复杂宏函数和存储器,因此,可以把一个子系统集成在单一芯片上,而每个 Flex 10K 器件都包含一个嵌入式阵列,每一个嵌入式阵列可以实现专用的功能,因此嵌入式阵列可以减少芯片的体积,使其运行速度更快,使用更加灵活。

3.4　CPLD 和 FPGA 比较

FPGA 与 CPLD 的辨别和分类主要是根据其结构特点和工作原理。通常的分类方法是:将以乘积项结构方式构成逻辑行为的器件归类为 CPLD,如 Lattice 的 ispLSI 系列、Xilinx 的 XC 9500 系列、Altera 的 MAX 7000S 系列和 Lattice 的 MACH 系列等。将以查表法结构方式构成逻辑行为的器件归类为 FPGA,如 Xilinx 的 SPARTAN 系列、Altera 的 FLEX10K 或 ACEX1K 系列等。

CPLD 结构在一个逻辑路径上采用 1~16 个乘积项,因而大型复杂设计的运行速度可以预测,原有设计的运行过程可以预测,也很可靠,而且修改设计也很容易。CPLD 在本质上很灵活、时序简单、路由性能极好,用户可以改变他们的设计同时保持引脚输出不变。与 FPGA 相比,CPLD 的 I/O 更多,尺寸更小。

如今通信系统使用很多标准,必须根据客户的需要配置设备以支持不同的标准。

CPLD可让设备做出相应的调整以支持多种协议,并随着标准和协议的演变而改变功能。这为系统设计人员带来很大的方便,因为在标准尚未完全成熟之前他们就可以着手进行硬件设计,然后再修改代码以满足最终标准的要求。CPLD设计建模成本低,可在设计过程的任一阶段添加设计或改变引脚输出,可以很快上市。

随着CPLD密度的提高,数字电路设计人员在利用CPLD进行大型设计时,既灵活又容易,而且产品可以很快进入市场。许多设计人员已经感受到CPLD容易使用、时序可预测和速度高等优点,目前设计人员可以体会到密度高达数十万门的CPLD所带来的好处。

FPGA是专用集成电路中集成度最高的一种,用户可对FPGA内部的逻辑模块和I/O模块重新配置,以实现用户的逻辑,因而也被用于对CPU的模拟。用户对FPGA的编程数据放在Flash芯片中,通过上电加载到FPGA中,对其进行初始化。也可在线对其编程,实现系统在线重构,这一特性可以构建一个根据计算任务不同而实时定制的CPU,这是当今研究的热门领域。表3.1将FPGA和CPLD做了综合对比,两种差异主要体现在以下几方面。

表 3.1 CPLD 和 FPGA 对比

特 征	FPGA	CPLD
业界领先生产商	Xilinx	Altera
密度	中、高	低、中、高
内连结构	分段	连续
延时	可变、不可预测	固定、可预测
CMOS 选项	SRAM、反熔丝	EPROM、EEPROM、Flash、SRAM
器件性能	中等	高
器件应用	中等	高
手动布线	是	否
重编程能力	有(仅 SRAM)	有
在线重配置能力	有(仅 SRAM)	有(仅 SRAM)
在系统可编程能力	无	有(Flash、EEPROM)
编译时间	慢	快
可逻辑综合能力	是(仅第三方支持)	是

(1) 从结构上来看,CPLD更适合完成各种算法和组合逻辑,FPGA更适合于完成时序逻辑。换句话说,FPGA更适合于触发器丰富的结构,而CPLD更适合于触发器有限而乘积项丰富的结构。FPGA的集成度比CPLD高,具有更复杂的布线结构和逻辑实现。

(2) 从内部互连布局方式来看,CPLD的速度比FPGA快,并且具有较大的时间可预测性。这是由于FPGA是门级编程,并且组合逻辑块之间采用分布式互联,而CPLD是逻辑块级编程,并且其逻辑块之间的互联是集总式的。

(3) 从编程对象上来看,FPGA 比 CPLD 具有更大的灵活性。CPLD 通过修改具有固定内连电路的逻辑功能来编程,FPGA 主要通过改变内部连线的布线来编程;FPGA 可在逻辑门下编程,而 CPLD 是在逻辑块下编程。

(4) 从编程方式上来看,CPLD 主要是基于 EEPROM 或 Flash 存储器编程,编程次数可达 1 万次,优点是系统断电时编程信息也不丢失。CPLD 又可分为在编程器上编程和在系统编程两类。FPGA 大部分是基于 SRAM 编程,编程信息在系统断电时丢失,每次上电时,需从器件外部将编程数据重新写入 SRAM 中。其优点是可以编程任意次,可在工作中快速编程,从而实现板级和系统级的动态配置。

(5) 从知识产权保护上来看,CPLD 保密性好,FPGA 保密性差。

(6) 从芯片功耗上来看,一般情况下,CPLD 的功耗要比 FPGA 大,且集成度越高越明显。

思 考 题

1. 什么是 PLA？什么是 PAL？两者有何区别？
2. 什么是 CPLD？它有什么结构特点？
3. 什么是 FPGA？它有什么结构特点？
4. 试比较 CPLD 和 FPGA 之区别。
5. 试述 FPGA 中的逻辑块结构。
6. 在 Altera 器件中,逻辑单元有哪两种工作模式？试以图说明其工作流程。
7. 可编程开关分几类？试述各自特征。
8. 试使用两输入查找表实现逻辑函数 $F=\overline{x_1x_2+x_3x_4+x_5}$。
9. 试用 2-1 选择器实现第 8 题中的逻辑函数。

第 4 章 图形和文本输入

根据功能需求对具体的 CPLD 和 FPGA 设计编程,才能使这些 PLD 实现具体的功能。打个比方,CPLD 和 FPGA 就像未曝光的胶卷,上面没有记录任何信息,没有任何数字逻辑函数;只有在对它进行编程,将综合结果生成的可烧写文件下载到 FPGA 或 CPLD 中,才能实现所需要的功能。通常来讲,常用的编程方法有图形法和文本法。这里以 Altera Quartus Ⅱ 9.0 软件为工具,结合简单的例子介绍两种方法的编程过程,为后续的 VHDL 语言的学习提供入门工具。

4.1 Altera Quartus Ⅱ 9.0 工作环境

常用的 EDA 软件都需要设计文件管理和文件处理功能,下面简要讲解 Altera Quartus Ⅱ 9.0 的文件管理环境和工具环境。

4.1.1 基于工程的管理环境

Altera Quartus Ⅱ 的设计管理是基于工程的,所有的设计文件和设计单元都显示在 Project Navigator 之内,通过在 Project Navigator 中浏览和管理设计文件,方便对工程项目的设计、对文本文件或图形文件的修改,另外还方便观察设计工程的层次。Quartus Ⅱ 中的 Project Navigator 选项卡如图 4.1 所示。

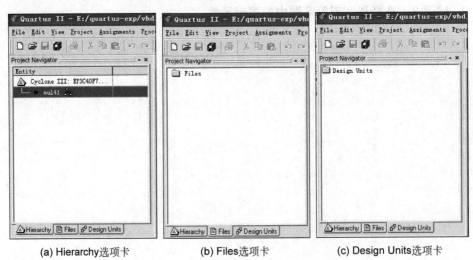

(a) Hierarchy 选项卡　　(b) Files 选项卡　　(c) Design Units 选项卡

图 4.1　Quartus Ⅱ 中的 Project Navigator 选项卡

在 Project Navigator 的 Hierarchy 选项卡中,显示的是设计的层次。因为目前的设计都是团队设计模式的,在设计中有不同的层次划分,比如一个 4-16 译码器由两个 3-8 译码器外加一些逻辑器件组成,而一个 3-8 译码器由两个 2-4 译码器加一些逻辑器件组成,这在设计中形成了 3 个层次。

在 Project Navigator 的 Files 选项卡中,显示的是设计文件。对于不同的设计单元都有不同的设计文件。这些文件可能是文本文件,如 VHDL 文件、Verilog HDL 文件等,可能是图形文件,也有可能是测试文件,如波形矢量文件,等等,这些文件是工程项目的组成部分。

在 Project Navigator 的 Design Units 选项卡中,显示的是设计单元。每个设计由实体(Entity)和架构(Architecture)两个单元组成。开发人员在对设计单元做修改时,可以在这里找到对应的设计单元,双击之后在对应的编辑界面进行修改。

4.1.2 工程设计工具

Altera Quartus Ⅱ提供了丰富的设计、处理工具,这些工具包括文本图形编辑工具、视图控制工具、环境设置工具、编译工具、分析工具、仿真工具,等等。在 Quartus Ⅱ中,将设计的关键常用步骤放入如图 4.2 所示的任务栏中,单击对应的箭头即可执行相应的编译设计工作。

图 4.2　Quartus Ⅱ中方便的任务栏

图 4.3 给出了 Quartus Ⅱ中的菜单项和工具栏。其中,工具栏中的按钮都可以在菜单项中对应的功能菜单处找到。

图 4.3　Quartus Ⅱ的菜单项和工具栏

File 菜单项用于工程、设计文件的创建、打开、保存等,还可以更新文件、进行设计文件之间的格式转换等。

Edit 菜单用于进行设计文件的编辑,如粘贴、复制、查找,等等。

View 菜单用于视图的显示效果控制,如放大、缩小等。

Project 用于工程管理,如向/从工程中添加/删除文件、将工程文档化、工程的层次化管理,等等。

Assignment 用于对器件、工作环境的设置,如器件的选择、引脚的定义、时序分析设置、EDA 工具设置,等等。

Processing 用于对设计文件的处理,是将设计文件专向应用的关键。包括编译、文件分析、仿真等。

Tools 是 Quartus Ⅱ 中自带的工具,如仿真工具、EDA 时序分析工具、设计空间管理器、芯片编辑器、网表观察仪、逻辑分析仪、接口编辑器等。另外还有 Quartus Ⅱ 中的软件配置工具,如自定义界面、软件工作环境选项(如字体)、license 设置,等等。

4.2 图形输入法

图形输入法比较适合小规模电路的 PLD 设计,这里以 4-1 选择器为例,说明使用图形输入的方法进行设计的过程。

4.2.1 4-1 选择器

4-1 选择器实际上是一个可控开关,在输入不同参数的条件下使输出接到不同的通道上,其结构图和真值表如图 4.4 所示。

根据真值表,其逻辑函数表达式可写为

$$Y = \overline{S_1}\,\overline{S_0}X_0 + \overline{S_1}S_0X_1 + S_1\overline{S_0}X_2 + S_1S_0X_3$$

根据逻辑函数表达式,可以画出实现该表达式的门级原理图,如图 4.5 所示。基于此电路图,在 Quartus Ⅱ 中选择对应的元件输入并连接后,即可实现所需要的选择器功能。

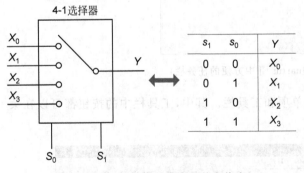
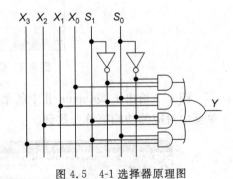

图 4.4 4-1 选择器示意图及其真值表　　　　图 4.5 4-1 选择器原理图

4.2.2 建立工程

启动 Quartus Ⅱ 之后,进入其工作界面。由于 Quartus Ⅱ 是基于工程管理的,因此在设计之前必须创建一个工程。建议在创建工程之前,先创建一个文件夹,这样工程中所有的设计文件和中间处理结果都位于这个文件夹内,方便管理和维护。打个比喻,进行 PLD 设计就像盖楼房,建立的这个文件夹就是指定了楼房(项目)所在的地段位置(路径)。

在启动后的工作界面中,从 File 菜单选择 New Project Wizard,如图 4.6 所示,即可进入如图 4.7 所示创建工程向导。

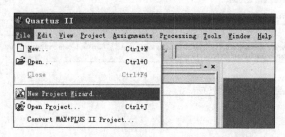

图 4.6 创建工程菜单

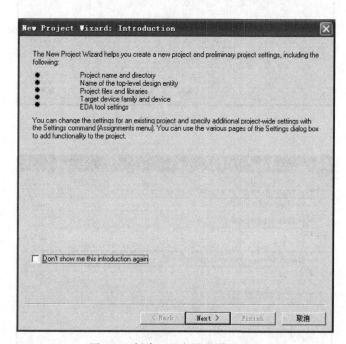

图 4.7 创建工程向导之说明界面

根据向导的提示,进行下一步设计。图 4.7 首先是对建立项目的介绍。它告诉设计人员,该新建工程向导帮助设计者建立新的项目并进行项目设置,设置的内容包括:①工程名称和路径;②顶层设计实体名称;③工程中所用到的文件和库;④工程设计所使用的 PLD 型号;⑤设计中所使用的 EDA 工具。另外,在创建工程时还需特别提醒设计人员,可以对已存在的项目进行参数变更,并且可以使用多页设置对话框增加项目功能。

单击 Next 按钮,进入界面如图 4.8 所示的项目路径、名称设置对话框。在这里进行工程的路径、工程名称和顶层实体名称的设置。路径就是工程位置,项目名就相当于要建设的工程名称,借用上面的比喻,就是小区名称,如"××山庄"之类;它只是一个标识号,是项目的标示；实体名称就是要建设的主体，是对整个项目的规划。在这里输入工程路径，项目名称为 mul41，实体名称也命名为 mul41，如图 4.9 所示。

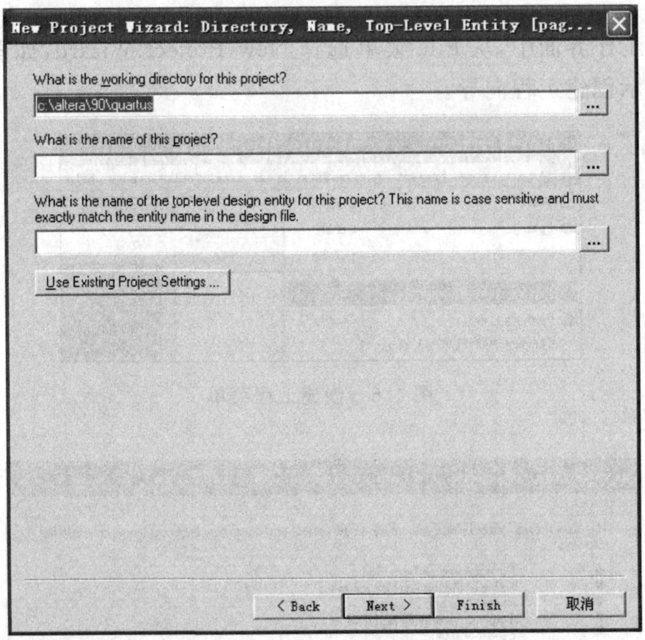

图 4.8 创建工程向导之页面(一)

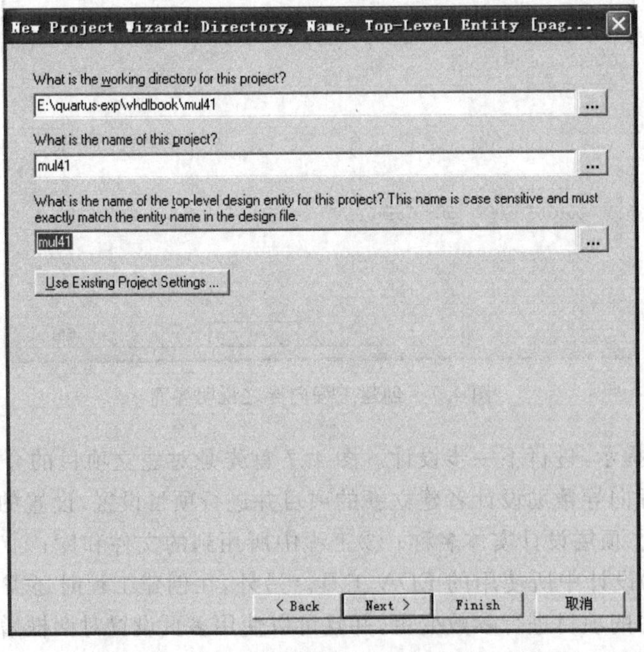

图 4.9 创建工程之路径、名称、实体设计示例

单击 Next 按钮，进入图 4.10 所示的设计文件添加窗口。若工程中使用已有的设计

文件，可在这里加入；若没有则不用加入，直接单击 Next 按钮跳过。实际上也不必要在这里添加设计文件，若在设计过程中要使用已有的文件，在 Project Navigator 中可以手动添加。

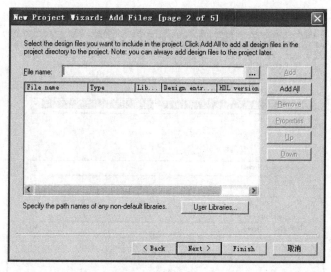

图 4.10　创建工程向导之页面（二）

单击 Next 按钮，进入器件设置对话框，如图 4.11 所示。在这里可以根据器件系列选择对应的器件，例如，对于 Cyclone Ⅲ 系列，可以选择芯片 EP3C40F780C8。选择该芯片之后，所有的放置、布线等工作都将针对该具体器件进行，后面的引脚对应时，若器件选择错误将无法正确对应起来，出现错误。当然，若在这里设置出错，在软件中还可以手动修改。

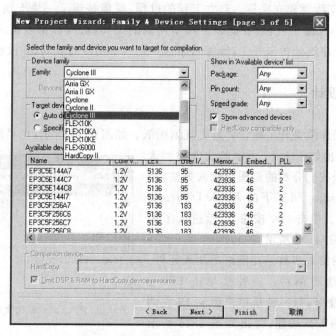

图 4.11　创建工程向导之页面（三）

单击 Next 按钮，进入 EDA 工具设置界面，如图 4.12 所示。在这里可以设置工程中所使用的 EDA 工具，如设计实体综合工具、仿真工具和时序分析工具。我们使用 Quartus Ⅲ 自带的综合、仿真和分析工具，因此可以不做选择，直接单击 Next 按钮，进入总结对话框。

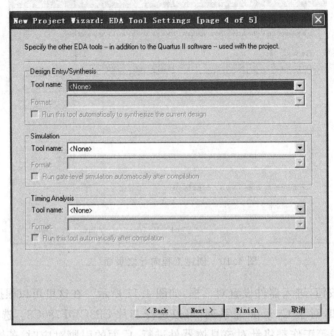

图 4.12　创建工程向导之页面（四）

到此为止，工程就建立完毕。建立工程的过程，就像是圈了一块土地，为将要在这块土地上创建的小区命了名称，在建设工程中用到的工具（对应起来就是用哪个厂家的钢筋、水泥，由哪个建筑公司来开工，等等），但这只是一个初步的规划，并没有具体行动。

4.2.3　电路设计

接下来的工作就是开工建设。首先规划图纸。如图 4.13 所示，在界面中单击 File→New 命令，则弹出如图 4.14 所示的文件类型选择对话框。由于我们介绍的是图形输入方法，因此这里选择 Design Files 下的 Block Diagram/Schematic Files。单击 OK 按钮后，就进入了图形设计界面，如图 4.15 所示。

图纸设计的第一步就是往图纸中加入元件。加入元件的方法有两种：一种是单击 File→Insert Symbol 命令；另一种是单击图 4.15 左侧的"与门"形状的工具按钮，弹出如图 4.16 所示

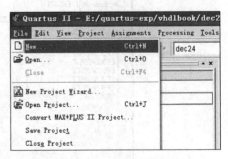

图 4.13　新建文件菜单

的符号加入对话框。在这里可以看到软件自带的符号分 3 种类型：一种是 megafunctions；一种是其他符号；一种是基本符号。我们重点讨论基本符号。基本符号包括缓冲、逻辑、引脚、存储器和其他符号（如常数、地、VCC）等。

图 4.14　新建文件选项

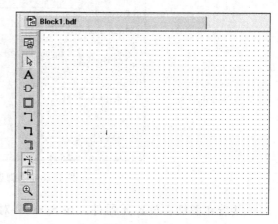

图 4.15　图形设计界面

根据图纸（见图 4.5），首先加入引脚，引脚的位置位于符号对话框中的 primitives|pin 之下，如图 4.16 所示。选择 6 个输入引脚，1 个输出引脚。然后将文件保存，名称与实体名字一致，扩展名为 bsf。引脚放置效果如图 4.17 所示。

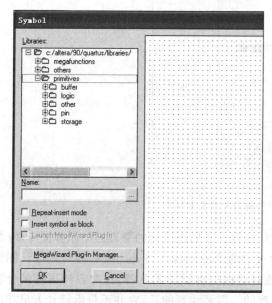

图 4.16　添加符号对话框

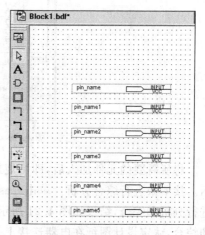

图 4.17　放置引脚效果

接下来修改引脚的名称。根据图纸中的引脚信号名称,依次为加入的引脚命名。命名方法是将鼠标放在要编辑的引脚上,右击并在弹出的快捷菜单中选择 Properties 菜单,弹出 Pin Properties 对话框,在对话框中的 Pin Name(s)对应的编辑框输入要更改的引脚名称,如图 4.18 所示。

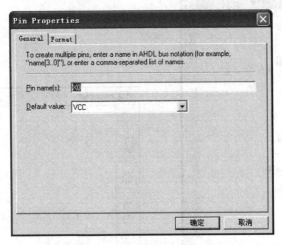

图 4.18 引脚设置对话框

接着在图纸上放置元器件。在 Symbol 对话框中,选择 Primitives|logic,如图 4.19 所示,这里列出了基本的逻辑器件。我们在图纸中用到三输入的与门和四输入的 or 门,因此依次选择 and3 和 or4 双击即可将符号加入图纸中。

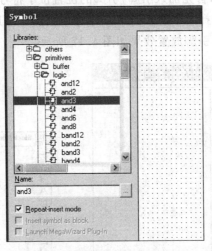

图 4.19 逻辑器件符号选择对话框

将所需要的元件加入后,即可规划设计内容。布局连线后的原理图结果如图 4.20 所示。接下来进行综合分析。单击 Task 面板中的 Analysis & Synthesis,即可对设计图纸进行分析和综合,结果如图 4.21 所示。该对话框告诉设计人员,经过对设计图纸的分析和综合,认定设计图纸在电器连接上是正确的。需要注意的是,它并不告诉设计人员功能是正确的。

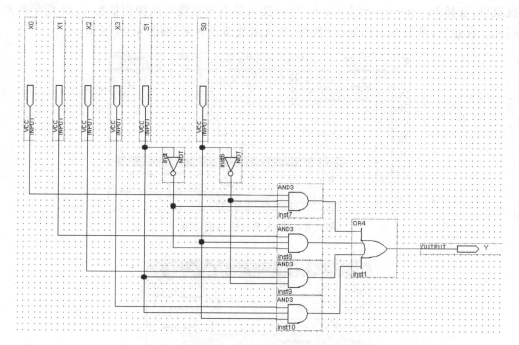

图 4.20　连线后的电路图

图 4.21　分析和综合结果提示

为了验证其功能是否正确,需要进行功能仿真。功能仿真的输入是功能仿真网表和矢量波形文件(vwf 文件)。建立 vwf 文件的过程与建立 vhd 文件的过程类似,即从 File 菜单中选择 new,在弹出的 Verification/Debugging Files 中选择 Vector Waveform File,如图 4.14 所示。随后进入如图 4.22 所示的 vwf 文件编辑界面。此时尚未加入任何输入和输出波形。

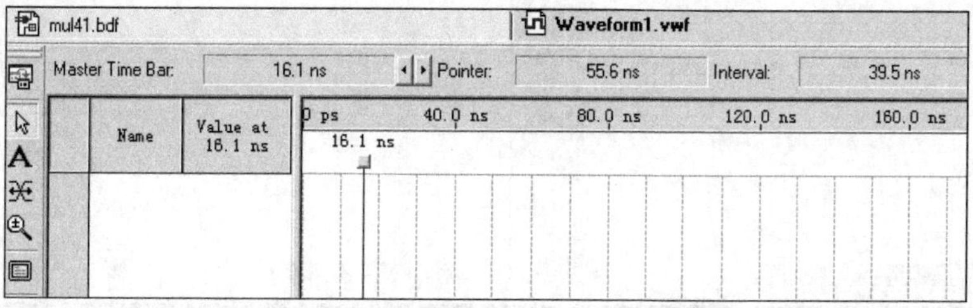

图 4.22　矢量波形文件创建界面

在 vwf 文件编辑界面左侧 Name(引脚名)之下右击,弹出如图 4.23 所示的弹出式快捷菜单,选择 Insert→Insert Node or Bus(插入节点或总线),则弹出如图 4.24 所示的对话框。在这里,单击 Node Finder 按钮,进入查找节点界面,如图 4.25 所示。

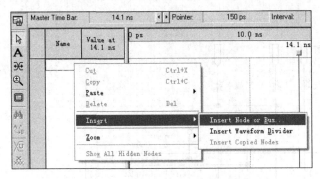

图 4.23 插入节点或总线菜单

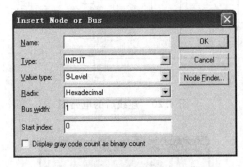

图 4.24 插入节点或总线对话框

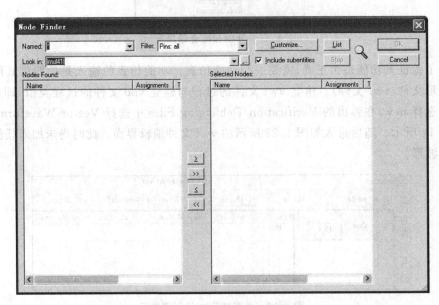

图 4.25 节点浏览器对话框

单击右侧 List 按钮,则在 Nodes Found 列表框中显示出所有的输入输出引脚,双击指定的引脚,则将引脚选入右侧的 Selected Nodes 列表框。被选入列表框中的引脚将显示在 vwf 文件编辑界面中。也可以单击">>"按钮,将所有的引脚全部选择,如图 4.26 所示。

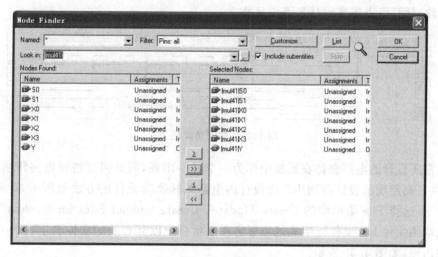

图 4.26 选中后的节点

选中后,对所有的输入引脚进行信号编辑,如图 4.27 所示,并保存 vwf 文件。

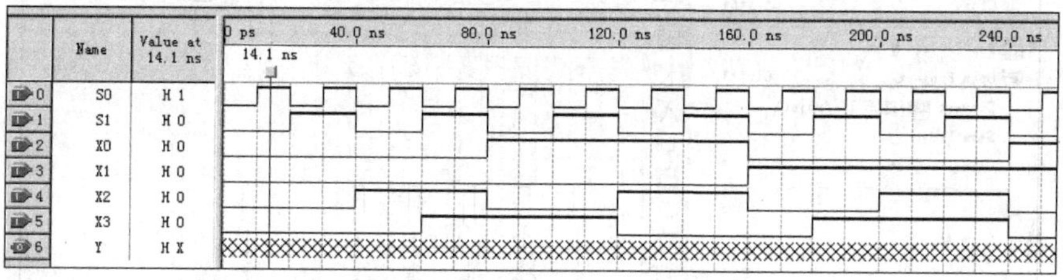

图 4.27 输入信号波形编辑

接下来设置功能仿真环境。选择菜单 Assignments|Settings 项,弹出如图 4.28 所示

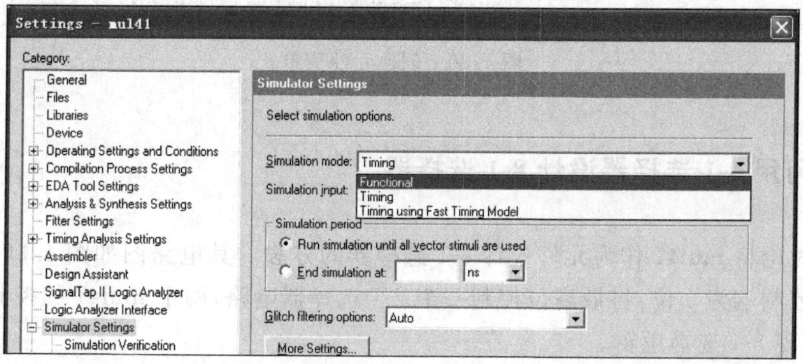

图 4.28 仿真环境设置对话框

的环境参数设置对话框,这里选择 Simulator Settings,在 Simulation mode(仿真模式)中选择 Functional(功能仿真),即可设置好功能仿真环境。之后在菜单 Processing 中选择 Generate Functional Simulation Netlist,产生功能仿真网表。最后,选择 Processing 菜单中的 Start Simulation 项,即可启动对电路的功能仿真,仿真结果如图 4.29 所示。通过功能仿真波形图,可以观察设计是否满足要求。

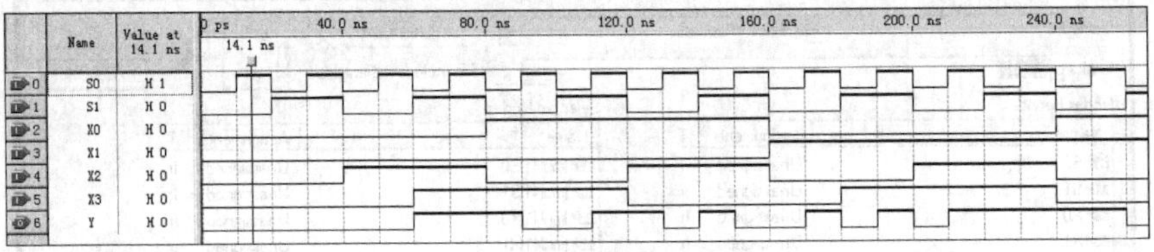

图 4.29 功能仿真结果

通常所设计的电路整体在系统中作为一个元件出现,因此需要将该电路转换为元件符号,供更高层次的设计所调用。将设计的电路图转换为元件的方法如图 4.30 所示,当前文件下,选择 File 菜单中的 Create/Update→Create Symbol Files for Current File,即可生成块图文件 bdf 文件。生成的块图将在本项目中以其自身的实体名字在 Symbol 对话框中出现,如图 4.31 所示。

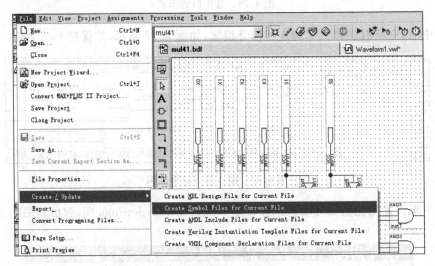

图 4.30 创建元件菜单

4.2.4 利用 4-1 选择器设计 8-1 选择器

下面讨论将 mul41 作为元件设计 8-1 选择器的方法。其电路图如图 4.32 所示。8-1 选择器的控制端为 3 位,将最高位控制一个 2-1 选择器电路,两个 mul41 的控制端分别并接,即可实现 8-1 选择逻辑。

首先,建立一个工程,名为 mul81,在该工程内设计一个 8-1 选择器。将 mul41.bdf

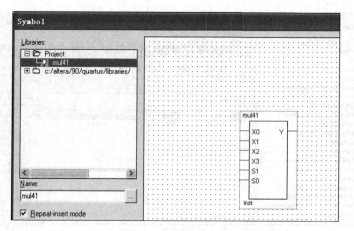

图 4.31 创建后的元件

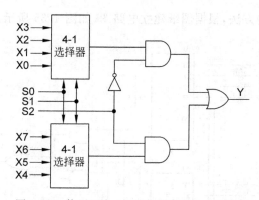

图 4.32 使用两个 4-1 选择器实现 8-1 选择器

复制到 mul81 目录之下,然后在 project navigator 中的 Files 选项卡中,右击 File 文件夹,在弹出菜单中选择 Add/Remove Files in Project,如图 4.33 所示,则弹出如图 4.34 所示的设置对话框,选中 Files 项并单击 Add 按钮,找到复制的 mul41.bdf 并加入,即可将 4-1 选择器模块加入到 mul81 工程中。

图 4.33 向工程内添加文件

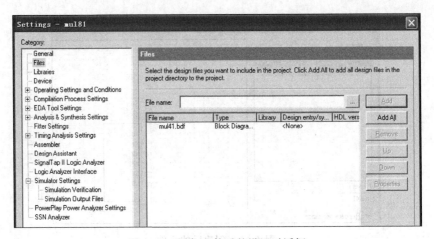

图 4.34 添加文件后的设置对话框

根据前面所讲述的方法,根据图纸建立电路图,如图 4.35 所示。

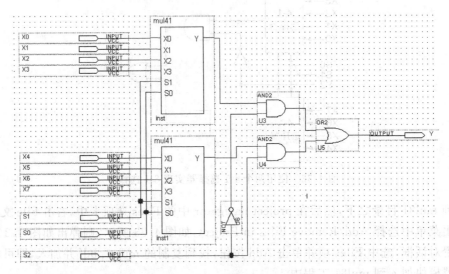

图 4.35 8-1 选择器电路图

分析综合无误后再进行功能仿真验证,仿真结果如图 4.36 所示。

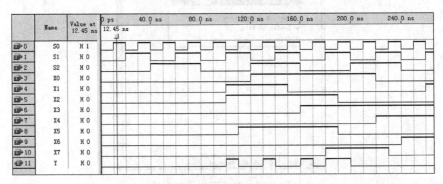

图 4.36 8-1 译码器功能仿真结果

通过上述步骤，读者不难发现，图形输入法有直观、可模块化设计的优点，这对小规模门电路来讲是很实用的。但对于大规模集成电路设计来讲，图形输入法几乎不可能完成任务。即使是电路图可以完成，但调试过程中是一个非常耗时、耗力的任务。为此，现在常用的集成电路设计方法是文本输入方法。它采用硬件描述语言，通过软件的编译和综合，将其综合成所期望的电路结构，实现电路功能。下面将介绍基于VHDL语言的编程方法，作为后续编程语言学习过程中的先导，读者可依此通过Quartus II软件亲自动手巩固所学的语法和基本概念。

4.3 文本输入法

使用文本输入法和图形输入法进行电路设计的过程类似，只不过是输入不同。对于文本输入来讲，输入的是程序；而对于图形输入来讲，输入的是电路图。后续的编译/综合、仿真验证等步骤都是相同的。因此在这里仅对文本编辑介绍，综合仿真等不再详述。

这里仍然以4-1选择器为例描述编程的过程。建立工程之后，在Quartus II工作环境中单击File菜单中的new项，选择Design Files下的VHDL File，即可进入文本编辑界面。在该编辑界面中根据VHDL语法输入程序，如图4.37所示，剩余的处理步骤就与文本输入方法相同了。其功能仿真结果与图形输入法结果一致。VHDL语法将在后续章节中详述。

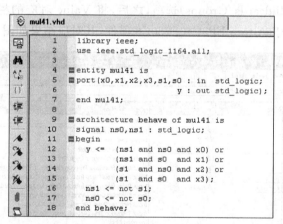

图4.37 文本编辑界面

4.4 配置文件下载

电路图或VHDL程序编译、仿真无误后，需要生成配置文件，下载到FPGA中或与FPGA相接的EPROM中，实现所要设计的功能。在生成配置文件之前，需要将设计中的端口和实际FPGA中的端口做一一对应，这样才能在FPGA中找到对应的输入和输出引脚。

选择菜单中的Assignments|Assignment Editor，弹出如图4.38所示的界面。

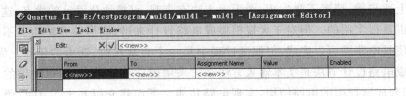

图 4.38 Assignment Editor 界面

在该界面中,双击 To 下的"<<new>>",则会出现一个小箭头,单击该小箭头,会弹出查找节点的菜单,如图 4.39 所示。

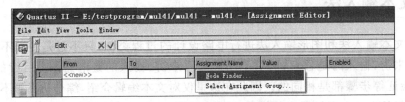

图 4.39 Assignment Editor 中的查找节点菜单

选择 Node Finder,则弹出如图 4.26 所示的引脚选择对话框。注意,这里如果遇到总线时,要逐个选择总线下面的单个引脚,不选择总线。选中引脚后,单击 OK 按钮,则进入引脚对应界面,如图 4.40 所示。在该图中,将 Assignment Name 对应的栏中,都选择 Location(Accepts Wildcards/Groups)选项,之后,将 Value 对应的栏填写与程序中的端口对应的引脚号,对于 Altera EP3C40F780C8 器件,其对应结果如图 4.41 所示。

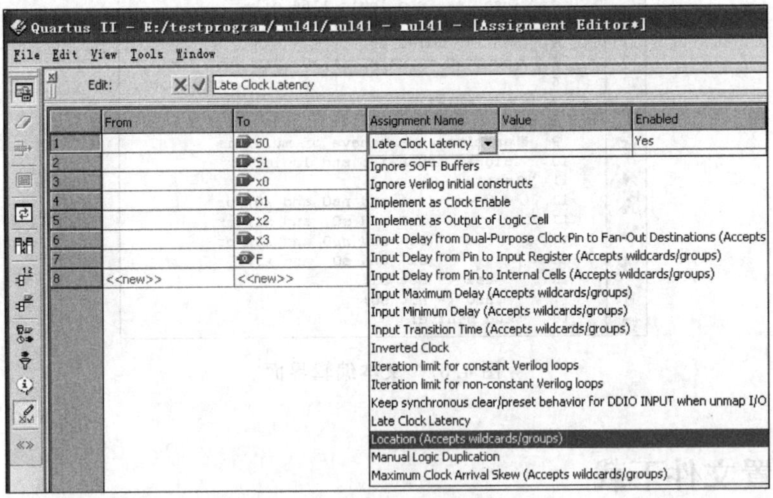

图 4.40 编辑引脚界面

输入无误后,保存,并选择主菜单中的 Processing|Start Compilation,进行以此全编译。无误后,选择主菜单中的 Tools|Programmer,则弹出如图 4.42 所示的配置文件下载对话框。在 Altera Quartus Ⅱ 中,若使用 JTAG 下载,则下载 sof 文件,即 SRAM Object File。若器件与计算机连接好,直接单击左侧的 start 按钮,即可将生成的配置文件下载

到 FPGA 中。

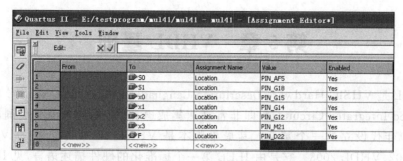

图 4.41　端口对应

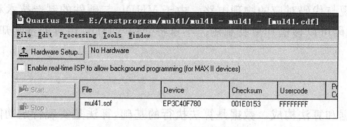

图 4.42　下载配置文件对话框

思 考 题

1. 图形输入法的步骤有哪些？它有哪些优缺点？
2. 根据 2-4 译码器真值表，画出其原理图，用图形输入法实现其功能，并进行功能仿真，观察其功能仿真结果。
3. 将第 2 题中的 2-4 译码器生成块图，并以其为元件组成 3-8 译码器，进行功能仿真后观察其仿真结果。

第5章 VHDL 基础

VHDL 是 VHSIC Hardware Description Language 的缩写,其中,VHSIC 表示 Very High Speed Integrated Circuits,意即非常高速集成电路,它起初来源于美国国防部在 20 世纪 80 年代设立的一个基金。其最早版本是 VHDL 87,后来升级为 VHDL 93、VHDL 2002、VHDL 2008。它是由 IEEE 第一个标准化的硬件描述语言,见 IEEE 1076 和 IEEE 1164 标准。作为一种硬件描述语言,其代码描述了电子电路的行为和结构,并通过编译器实现与代码对应的物理电路。由于 VHDL 与硬件的制造技术和生产商无关,因此 VHDL 代码可以移植和重复利用。本章将介绍 VHDL 语言的基础知识。

5.1 对象

程序由数据和算法构成。数据是算法执行的基础,算法是实现特定功能的具体途径,其结果由数据得以体现。在描述 VHDL 类型之前,首先要了解什么是 VHDL 对象。一般来讲,对象是数据的具体化,是在程序设计中数据所依附的目标。所谓的 VHDL 对象是具有具体数据类型的一个具有名称的项,程序中可以给对象赋值。在 VHDL 中,运算操作的目标是对象,操作对象需要遵循 VHDL 所制定的语法规范。

5.1.1 对象命名规则

VHDL 中对象(包括其他标识符,如函数、过程、实体和结构名,等等)命名需要遵循如下规则。
(1) 所有的名称必须以字符开头(a~z 或 A~Z)。
(2) 只能使用字符、数字和下画线。
(3) 不能使用特殊符号和保留字(如+、−、&、if、with,等等)。
(4) 两个下画线不能同时使用(如 a__Z)。
(5) 同一名字中间不能有空格(如 black smith)。
(6) VHDL 忽略大小写,因此名字和标签在程序中必须是独一无二的。例如,在 VHDL 中,DATABUS、DataBus、Databus、dataBUS、dAtAbUs 都是同一个对象或标签。
VHDL 中的保留字见附录 A。

5.1.2 对象声明规则

在 VHDL 中,对象的声明格式如下:

class object_name : data_type [:=initial_value];

其中,class 表示对象类型,object_name 是对象名称,data_type 是数据类型,initial_value 为初始值。initial_value 在对象声明时可选。

对象的类型分 4 类,分别是常量、信号、变量和文件。信号表示电路之间的电器连接;变量用于进程中,通常用于时序逻辑电路在执行计算时数据的暂存;数据类型是对象所代表的能够进行特定运算的具体类别,例如 bit、bit_vector、integer、等等。即使是 bit_vector 也有不同的线宽,线宽不同也意味着不同的数据类型。初值对于信号和变量声明是可选的,但对于常量,在声明时初值要给出。文件对象用于仿真验证过程,不能综合,在本书中不做详细探讨,读者可参考相关书籍了解掌握。

5.1.3 常量

为了增加程序的可读性及可维护性,通常在设计程序时都会在其内部加入一些常量,所谓的常量,就是内容为一固定值,不会随着程序的执行而改变的数据对象。在 VHDL 语言中,常量的用法与 C 语言中♯define 指令相类似。其声明方法如下:

constant constant_name : data_type :=initial_value;

其中:

(1) constant 为保留字,定义了对象的类型为常数。
(2) constant_name 为常量对象的名称,在程序中唯一标示。
(3) data_type 为常量所属的数据类型。
(4) ":="用来设置常量值的符号。
(5) initial_value 为所要设置常量的初始值。
例如:

constant M : integer :=8;
constant N : integer :=2*M;
constant bTrue : bit :='1';
constant mask : bit_vector(7 downto 0):="10010011";

这里常量对象 M 的数据类型是 integer(整型),值为 8,N 也为整数数据类型,值为 2*M=16;常量对象 bTrue 是 bit 数据类型,值为'1',常量对象 mask 是一个位向量数据类型,位宽为 8,值为"10010011"。注意,在 VHDL 中,对单个 bit 的对象赋值时使用单引号加 0 或 1 表示,而对于 bit_vector,则需要使用双引号,且引号内部的 0、1 数据个数要等于 bit_vector 的位宽,即位的个数。

常数可以声明在实体、架构、包、包体、块、生成语句、过程、函数和进程中的声明部分。常量所在的位置决定了它的定义域。例如,放在程序包中的常量,可以在程序的实体、架构及过程中使用;声明在实体内的常量则只能在本身的实体中使用;声明在架构中的常量仅在本架构内使用,声明在进程中,则该常量也只能在本进程内只读。

在赋初值时,通常用到关键词 OTHERS,它表示将所有的索引位置赋值为右边的数。例如:

```
constant vector_a: bit_vector(7 downto 0):=(OTHERS=>'0');
constant vector_b: bit_vector(7 downto 0):=(7=>'0', OTHERS=>'1');
constant vector_c: std_logic_vector(7 downto 0):=(2|3=>'1', OTHERS=>'0');
constant vector_d: bit_vector(15 downto 0):=(7 downto 0=>'1', OTHERS=>'0');
```

其中，vector_a 的值为"00000000"，vector_b 的值为"01111111"，vector_c 的值为"00001100"，vector_d 的值为"0000000011111111"。

常量值声明之后，该值将贯穿程序的始终，在仿真和执行过程中不会法发生改变。在程序中任何对常量值的更改和赋值都是非法的，也就是说它只能读，不能写。

5.1.4 信号

在 VHDL 语言中，信号用来表达硬件内部元件的实际连接线，可以用来给电路传递输入信号，引出输出信号，也可作为电路模块中间的连线。实体中所有的端口默认都是信号。信号声明的语法如下：

```
signal signal_name : data_type :=initial_value;
```

其中：

(1) signal 为保留字，定义了对象的类型为信号。
(2) signal_name 为信号对象的名称，在程序中唯一标示。
(3) data_type 为信号对象所属的数据类型。
(4) ":="用来设置信号值的符号。
(5) initial_value 为所要设置信号的初始值。

例如：

```
signal enable: bit :='0';
signal tmp: bit_vector(7 downto 0);
signal byte: std_logic_vector(7 downto 0);
signal count: integer range 0 to 255;
```

信号 enable 的类型是 bit，其初值是'0'；信号 tmp 的类型是 bit_vector(7 downto 0)；信号 byte 的类型是 std_logic_vector(7 downto 0)；cout 是整数类型，值从 0 到 255。注意，信号和常量的区别在于常量的值无法改变，而信号的值则是可以变化的。

在程序体中对信号赋值运算符为"<="，对象声明时赋初值则统一用":="，例如，在程序运行过程中对 enable 信号赋值方法为 enable<='1'。

信号声明后，将作为导线连接两个不同的电气端口。虽然信号的值可以变更，但导线对应的电气节点却是固定的，不能在电路设计中更改，也就是说在程序编写时，不能出现多驱动源赋值现象。在并行语句中，编译器会将多驱动源问题视为一个错误，并退出编译。这里以图 5.1 说明问题。

在图 5.1(a)中，cnt 表示一个节点，该节点同时连接 Q1、Q2、P1 和 P2。这样当 Q1 对 cnt 赋值时，其他任何一个端口都不能对 cnt 赋值，cnt 不能用来表示独立的两个导线。正

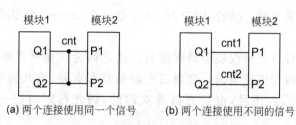

(a) 两个连接使用同一个信号　　(b) 两个连接使用不同的信号

图 5.1　信号声明在实际电路中的意义

确的表示方法是,对 Q1-P1 导线声明为信号 cnt1,对 Q2-P2 导线声明为信号 cnt2,这样可以分别赋值。

另外在 VHDL 中,信号赋值意味着电气连接,如在图 5.1(b)中,若执行语句"cnt1<=cnt2;",则表示将 cnt1 和 cnt2 两个信号线短接,结果如图 5.1(a)所示。

信号的声明可以在实体、架构、包、块和生成语句的声明部分进行。信号声明不允许出现在顺序代码之中(如进程和子程序),但它可作为连接不同进程的导线在这些顺序代码中使用。在工程设计中,信号的声明一般在架构内声明,表明了该架构所描述电路的电气节点安排。它不能在过程中声明。

对于信号而言,非常重要的一点是当其在进程或子程序内部使用时,它不是立即更新的,它在进程或子程序结束后才发生最终更新,也就是说它只考虑最后一次赋值。

5.1.5　变量

在 VHDL 语言的程序中,为了运算上的方便,我们经常会声明变量对象来辅助实现设计需求。与一般高级语言一样,变量只是为了方便运算而使用的一个中间媒介,在实际的硬件电路中它是不存在的。也就是说,它并不代表电路的实际连线或存储元件,因此我们不需要去考虑在控制电路上产生的延迟时间,这一点是它与信号对象最大的不同之处。其声明语法如下:

variable var_name : data_type :=initial_value;

其中:

(1) variable 为保留字,定义了对象的类型为变量。

(2) var_name 为变量对象的名称,在程序中唯一标示。

(3) data_type 为所声明变量的数据类型。

(4) ":="用来设置变量值的符号。

(5) initial_value 为所要设置变量的初始值。

例如:

variable clk : std_logic :='1';
variable address: std_logic_vector(15 downto 0);
variable num: integer range 0 to 255 :=0;

这里 clk 是一个 std_logic 类型的变量,初值为'1';address 是一个 std_logic_vector

(15 downto 0)类型的变量,总线宽度为 16,num 是一个 integer 类型的变量,范围从 0 到 255,初始值为 0。

和常量、信号相比,变量仅表示局部信息。这是因为它在顺序单元内是可见的,并且只能在顺序单元内变更变量值。变量的更新是立即更新,因此其值可以立即在代码的下一行中得到体现。而且,由于更新是立即的,因此可以对同一个变量进行多次赋值。

在程序体中,对变量赋值运算符为":=",例如,在程序运行过程中,对变量 address 的赋值方法为 address := x"345",表示成二进制数为"0011 0100 0101"。

5.1.6 别名

在 VHDL 程序中,为增强其可维护性和可读性,会在程序中引入别名,其声明语法如下:

```
alias alias_name : data_type is object_name;
```

其中:

(1) alias 是保留字,表示声明一个别名。
(2) alias_name 为别名的名称。
(3) data_type 是别名的数据类型。
(4) object_name 是对象名称。

其意义为 alias_name 是 object_name 的全部或部分位的别名,例如,某 CPU 的指令结构如图 5.2 所示。

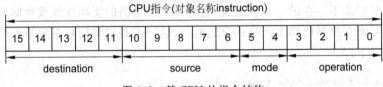

图 5.2 某 CPU 的指令结构

在 VHDL 程序中,指令可使用信号对象声明,其中有意义的字节可使用别名声明,举例如下:

```
signal instruction : std_logic_vector(15 downto 0);
alias destination : std_logic_vector(4 downto 0) is instruction(15 downto 11);
alias source : std_logic_vector(4 downto 0) is instruction(10 downto 6);
alias mode : std_logic_vector(1 downto 0) is instruction(5 downto 4);
alias operation : std_logic_vector(3 downto 0) is instruction(3 downto 0);
```

经过上述语句声明之后,在程序中就可以直接使用 destination、source、operation 等别名了,对 destination 的操作,实际上就是操作对象 instruction 的(15 downto 11)位。可见,别名大大提高了程序的可读性,方便了编程过程。

需要说明的是,别名是已有对象的替换名称,它并不定义一个新对象,所有的对象都可以定义别名。

5.2 标准数据类型

标准数据类型又称为预定义数据类型,它来自标准库 STD 中可综合的数据类型。这些标准数据类型主要包括如下。

(1) bit: 位。
(2) bit_vector: 位向量(总线)。
(3) boolean: 布尔型(True/False)。
(4) boolean_vector(2008): 布尔向量。
(5) integer: 整型。
(6) natural: 自然数。
(7) positive: 正数。
(8) integer_vector(2008): 整型向量。
(9) character: 字符型。
(10) string: 字符串型。

5.2.1 bit

bit 数据类型是数字控制电路中最基本的两种电位,其值只包含 0 或 1 两种,是两值的枚举类型。就其位数来讲,它是一个标量类型。它支持逻辑和比较运算。bit 数据类型定义如下:

```
type bit is('0', '1');
```

这种数据类型的对象声明方式与 3.1 节所定义的声明方式一致。例如:

```
signal x, y, z: bit;
```

这里对象 x、y、z 声明为信号,数据类型为 bit。

5.2.2 bit_vector

将 bit 集合成串,组合成固定位宽的总线形式,其数据类型就成为位向量 bit_vector。该数据类型支持逻辑、比较、移位和并运算。其定义如下:

```
type bit_vector is array(natural range <>)of bit;
```

其中,"natural range < >"表示其范围不确定,只要落在 natural 范围内即可。这里"< >"称为盒子(BOX)。对于逻辑和移位运算,向量需要有相同的长度。

这在实际的硬件电路中很常见,例如,我们会将一些特性相同的信号组合在一起,最常见的如 CPU 的数据总线 D0~D31，地址总线 A0~A15，复用器的数据输入线 I0~I3，复用器的选择线 S1~S0，等等。其声明方式为

```
class object_name : bit_vector(high_index downto low_index);
```

或者

```
class object_name : bit_vector(low_index to high_index);
```

举例如下：

```
signal dbus : bit_vector(7 downto 0);
signal abus : bit_vector(0 to 7);
```

这里 dbus 和 abus 都表示位宽为 8 的总线，最高位索引为 7，最低位索引为 0；不同的是两者表示的数据方法不同，例如，对于十六进制数 A4，dbus 的二进制表示为 1010 0100，而 abus 的二进制则表示为 0010 0101，两者编码位正好相反。

5.2.3 boolean

boolean 类型是另外一个两值的枚举类型，它支持逻辑和比较运算，定义如下：

```
type boolean is(false, true);
```

如同 C/C++ 语言一样，当我们将某个数据对象声明为布尔数据类型时，其内容就只包含"真"(True)或"假"(False)两种状态，其中 True 代表 1，False 代表 0。例如：

```
signal ready : boolean;
x<="111" when ready else
    "000";
```

上面语句表示信号 ready 为 true 时，x 被赋值为"111"，否则赋值为"000"。

5.2.4 boolean_vector

布尔向量在 VHDL 2008 中引入，它是数据类型 boolean 的向量形式。定义如下：

```
type boolean_vector is array(natural range <>)of boolean;
```

5.2.5 integer

integer 表示整型。在 VHDL 语言中，整型的定义与一般的程序设计语言是一样的，它可以为设计人员提供一般加、减、乘、除的运算。在系统中，整型默认地是用 4 个字节(byte)来存储的，因此其范围是 $-(2^{31}-1) \sim +(2^{31}-1)$，即 $-2\,147\,483\,647 \sim 2\,147\,483\,647$，其定义如下：

```
type integer is range -2147483647 to 2147483647;
```

在 VHDL 程序中,需要指定 integer 型数据的范围,否则编译器会按照 32 位加以编译,造成资源的浪费。例如:

```
signal a : integer range 0 TO 15;       --4位
signal b : integer range -15 TO 15;     --5位
signal x : integer range -31 TO 31;     --6位
```

5.2.6 natural

natural 表示自然数,它是非负整数,是 range 的子类型,定义如下:

```
subtype natural is integer range 0 to INTEGER'HIGH;
```

自然数在 VHDL 语言中,被规定为范围在 0~2 147 483 647 之间的整型,也就是 0~最大的整型区间。

5.2.7 positive

positive 为正整数,它是 integer 的子类型,定义如下:

```
subtype positive is integer range 1 to INTEGER'HIGH;
```

正数在 VHDL 语言中,被规定为范围在 1~2 147 483 647 之间的整型,也就是 1~最大的整型区间。

5.2.8 integer_vector

在 VHDL 2008 中引入,它是 integer 的向量形式,支持比较和并操作。

5.2.9 character

一个有 256 符号的枚举类型,这些符号来自 ISO 8859-1 字符集合,前 128 个字符组成标准的 ASCII 码。character 数据类型被定义在标准程序包的内部,通常代表 8b,其声明方式与 3.1 节所述声明方式相同。例如:

```
signal char1, char2:character;
signal char3 : character :='P';
char1<='A';
char2<='a';
```

5.2.10 string

string 用来存储字符的数据类型,它是上述 character 数据类型的扩展。其声明方式与其他类型声明方式相同,例如:

```
variable varname : string(1 to 8):="SN7419";
```

声明一个长度为 8 的字符串变量,其名称为 varname,并将其内容设置为 SN74192。在这里需要注意的是,无论是 character 还是 string 型对象,赋值时是区分大小写的。例如,在 char1 和 char2 两个信号中,'a'和'A'表示两个不同的值,"SN7419" 与 "Sn7419" 亦不相同。在 VHDL 语言中,不区分大小写的是对象名称和程序中的保留字,而不是值。

5.3 标准逻辑数据类型

实际在大多数的 CPLD/FPGA 设计中使用的是 IEEE 工业标准,数据类型用得最多的数据类型是 std_logic 和 std_logic_vector。这两个数据类型定义在 IEEE 库的 std_logic_1164 包中,由 VHDL 93 引入,并在 VHDL 2008 中做了扩充。

在 std_logic_1164 包中定义的数据类型是 std_ulogic,表示不确定性逻辑,定义如下:

```
type std_ulogic is('U','X','0','1','Z','W','L','H','-');
```

上述 9 个字符的意义如下。①'U':未初始化;②'X':未知;③'0':强制为低;④'1':强制为高;⑤'Z':高阻态;⑥'W':弱浮接;⑦'L':弱低;⑧'H':弱高;⑨'—':不关心。

如果从实际硬件电路的电位角度观察,如图 5.3 所示,就可以很轻易地看出这些定义的含义。

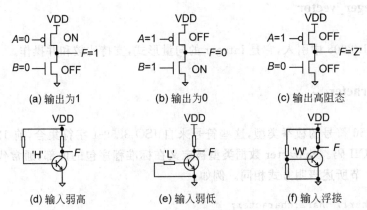

图 5.3 不同电位在电路中的电气表示

(1) 输出端'1'电位:当 P1 导通(ON)且 N1 截止(OFF)时,输出 F 的电位为'1'。

(2) 输出端'0'电位:当 P1 截止且 N1 导通时,输出 F 的电位为'0'。

(3) 输出端'Z':当上下两个元件都截止时,输出 F 的电位为高阻抗'Z'。

(4) 输入端'H'(高电位)：元件输入端通过100kΩ(一般为10kΩ)电阻接高电位,因其驱动电流较小,因此呈现弱势的高电位'H'。

(5) 输入端'L'(低电位)：元件输入端通过100kΩ(一般为10kΩ)电阻接低电位,因此呈现弱势的低电位'L'。

(6) 输入端'W'电位：接在元件输入端的两个电阻100kΩ都很大(一般为10kΩ),因此呈现弱势浮接'W'的状态。

在上述的9种电位中,除了'0'、'1'、'Z' 3种之外,其余的电位我们都很少使用到。实际上在电路设计中通常用到的是std_logic。在IEEE Std_logic_1164的程序包中,std_logic是被定义成由std_ulogic所派生出来的一种子数据类型,它表示确定性逻辑,其定义如下：

type std_logic is resolved std_ulogic;

这里,resolved是一个定义在IEEE std_logic_1164 Package中的一个函数,此函数用于去除std_ulogic内部的9种元素中的'-',并将其电位以表格方式做适当转换。std_logic与STD库中的bit相比,它引入了高阻态'Z'和不关心'—'这两个值,可以更灵活地创建三态缓冲和对查找表进行更好地优化。

数据类型std_logic之所以说是确定性的,是因为当有多个源值驱动同一个节点时,结果由预定义的仲裁函数确定。std_logic的仲裁函数结果如表5.1所示。

表 5.1　IEEE std_logic_1164 中信号值仲裁表

	U	X	0	1	Z	W	L	H	—
U	U	U	U	U	U	U	U	U	U
X	U	X	X	X	X	X	X	X	X
0	U	X	0	X	0	0	0	0	X
1	U	X	X	1	1	1	1	1	X
Z	U	X	0	1	Z	W	L	H	X
W	U	X	0	1	W	W	W	W	X
L	U	X	0	1	L	W	L	W	X
H	U	X	0	1	H	W	W	H	X
—	U	X	X	X	X	X	X	X	X

例如,若有'0'、'1'、'Z'同时驱动节点N,则节点值最终的确定方式如下。

(1) 在表5.1横表头(横阴影部分)中找到'0',在竖表头(竖阴影部分)找到'1',两者相交处仲裁结果为'X'。

(2) 再将仲裁结果'X'和'Z'再进行仲裁,最终确定为'X'。

需要说明的是,由于IEEE std_logic_1164程序包内所定义的内容皆为大写,因此在使用这些电位时,必须以大写方式来处理,否则会发生错误。例如,考虑如下语句：

```
signal sig : std_logic :='z';
```

在编译时,会引发警告信息。设计师只要将程序中小写的'z'改成大写'Z',即可消除上述错误。

在 std_logic_1164 包中,std_ulogic 和 std_logic 两种数据类型的向量形式定义如下:

```
type std_ulogic_vector is array(natural range<>)of std_ulogic;
type std_logic_vector is array(natural range<>)of std_logic;
```

包 std_logic_1164 仅定义了对上述类型的逻辑运算,使用另外的包 std_logic_signed 和 std_logic_unsigned 可以对上述数据类型对象进行算术、比较、移位运算。

5.4 数值表达方法

通常整数使用十进制表示,在 VHDL 中的默认范围是从 $-(2^{31}-1)$ 到 $+(2^{31}-1)$。为增强可读性,可以在数据中间加入下画线(_),并不影响数据的综合效果。在 VHDL 中,也可使用科学计数法。虽然二进制和十六进制不常用,但有些地方更易于表达对电路的理解。在其他进制数据表达时,需要使用♯符号将数据包围起来,然后前面加上进制基数。例如,十进制数可写为 5,32,3520=3_520,3E2=3×10^2=300;对于其他进制,如 2♯0101♯ 为二进制数,对应于十进制数 5,16♯13♯ 为十六进制数,对应于十进制数 19,8♯13♯ 为八进制数,对应于十进制数 11,16♯13♯E2 对应于十进制数 4864(19×16^2=4864)。

二进制数在 VHDL 中对于单个位使用单引号标示,多位使用双引号标示。除二进制表达外,对于其他进制,如八进制和十六进制,必须使用双引号标示数据。对于八进制来讲,使用 O 开头,对于十六进制来讲,使用 X 开头,它们表示位向量。由于 VHDL 对大小写不敏感,因此大写 O 可以写为小写 o,大写 X 可写为小写 x。例如:

对于二进制:

'0'(=0), "0101"(=5), b"0101"(=5), B"0101"(=5)

对于八进制:

O"5"(=5), o"5"(=5), O"54"(=44),

对于十六进制:

X"5"(=5), x"5"(=5), X"21"(=33), X"D"(=13)

对于无符号数,所有的数都是非负的,范围是 $0 \sim 2^N-1$,这里 N 是位数。例如,对于 8 位数据,值的范围是 0~255。

对于有符号数,数据可以是负值。对于 N 位数据,取值范围是 $-2^{N-1} \sim 2^{N-1}-1$。常用的负数表示方法是补码表示法。若最高位为'0',则表示整数,数值就是除最高位之外后面位数所对应的整数值;若最高位为 1,则表示负数,绝对值为 $2^{N-1}-b$,其中 b 是除最高位之外后面位数所对应的整数值。例如:

"0101"=+7, "1101"=-3

ASCII 码表中的所有字符都可以综合。单个字符使用单引号标示,字符串则使用双

引号标示,例如:

'A','a',"VHDL","Quartus 2"

注意这种情况下,区分大小写。

另外,赋值时值与要操作的对象的数据类型位宽必须是一一对应的,例如,对于信号对象 databus,以下赋值操作是正确的:

```
signal databus : std_logic_vector(15 downto 0);
databus<="0101001010111000";
databus<=x"52B8";
databus<="0000000010101101";
```

但当进行赋值操作 databus<=x"AD"时,则是错误的,这是因为 x"AD"一共只有 8 位,而对象 databus 是 16 位位宽的,因此赋值会发生错误,若改为 databus<=x"00AD"就正确了。

5.5 数据类型转换

VHDL 是一种强类型语言,这意味着如果两个信号的类型不同,不允许把一个信号的值赋给另一个信号。这个问题通常可以通过使设计中的信号使用相同的数据类型来解决。许多通用的运算符也可以重载,这是指譬如函数"="可以用来将 std_logic_vector 与整数类型相比较,而不用转换类型。因为许多综合工具不支持这样的重载,所有类型转换不能永远避免,因而大都为此目的而提供预先准备好的函数。各综合工具之间所提供的类型转换程序包虽然不同,但其原则都是相同的,如果换了所用的综合工具只要换一下函数名和程序包名即可。IEEE 库中有若干个程序包。表 5.2 列出了常用的标准数据类型和标准逻辑数据类型之间的转换函数及其所在的包。

表 5.2 常用的数据类型转换函数及其所在包

原数据类型	转换后的数据类型	转换函数	所在包
integer	std_logic_vector	conv_std_logic_vector(a,cs)	std_logic_arith
	unsigned	to_unsigned(a,cs) conv_unsigned(a,cs)	numeric_std std_logic_arith
	signed	to_signed(a,cs) conv_signed(a,cs)	numeric_std std_logic_arith
bit_vector	std_logic_vector	to_stdlogicvector(a,cs)	std_logic_1164
std_logic_vector	integer	conv_integer(a,cs) conv_integer(a,cs) to_integer(a,cs)	std_logic_signed std_logic_unsigned numeric_std_unsigned
	bit_vector	to_bit_vector(a,cs)	std_logic_1164
	unsigned	unsigned(a)	std_logic_arith
	signed	signed(a)	std_logic_arith

续表

原数据类型	转换后的数据类型	转换函数	所在包
unsigned signed	integer	to_integer(a,cs) conv_integer(a,cs)	numeric_std std_logic_arith
	std_logic_vector	std_logic_vector(a) conv_std_logic_vector(a,cs)	std_logic_arith std_logic_arith

上表中函数的参数 a 表示待转换的对象，cs 表示转换规范，如向量大小、范围、溢出和取整规范等。

从综合的观点来看，是否用转换函数没有什么不同。转换函数不需要门。使用转换函数只有两个理由：使代码容易写和使文档容易理解。但是，一个好的设计应该使转换函数最少。建议尽量使用数据类型 std_logic_vector。对于支持 std_logic_vector 与整数相互比较（重载）的综合工具来说，原则上可以用 VHDL 设计更加复杂的 ASIC，而不必在代码中显示使用类型转换函数。图 5.4 表示了常见数据类型转换函数之间的关系。

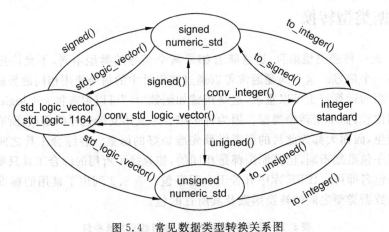

图 5.4　常见数据类型转换关系图

5.6　自定义数据类型

可使用关键字 TYPE 进行自定义数据类型，以方便编程，建设对资源的浪费。常用的自定义数据类型有 4 种，即整型、枚举类型、子数据类型和数组。

5.6.1　自定义整数类型

自定义数据类型仍然为整型，只不过范围更具体。在 VHDL 中，默认的整数类型位数是 32b，实际上用到的整数只是在一个具体的范围之内，如 5Bits 整数类型范围为 0～31。因此为节省资源，通常需要将整数类型值域。定义语法如下：

```
type type_name is range range_specifications;
```

例如：

```
type INT6 is range -31 to 31;
type uint8 is range 0 to 255;
```

5.6.2 枚举类型

所谓的枚举数据类型，就是一种集合式的声明，也就是设计师将一些具有某种意义的名称枚举出来，并定义成一个集合，每一个类型值都使用符号代替。定义语法如下：

```
type enum_name is(value1, value2, …, valueN);
```

例如：

```
type bit is('0', '1');
type boolean is(true, false);
type mystate is(S0, S1, S2, S3, S4);
```

枚举类型在设计状态机时非常有用，这些将在后面的章节中详细介绍。

5.6.3 子数据类型

所谓的子数据类型，就是用来表达某一数据类型的子集合，其声明语法如下：

```
subtype subtype_name is basetype_name range_specification;
```

其中，subtype 为保留字，subtype_name 为子数据类型的名称，basetype_name 为基础数据类型的名称。range_specification 为所要声明子数据类型的范围。

回顾一下预定义的标准数据类型，在 STD 库内自然数和正整数都是整数的子类型。Natural 为整型的子数据类型，其范围为 0～整型的最大值 2 147 483 647，定义如下：

```
subtype nature is integer range 0 to INTEGER'HIGH;
```

Positive 为整型的子数据类型，其范围为 1～整型的最大值 2 147 483 647，定义如下：

```
subtype positive is integer range 1 to INTEGER'HIGH;
```

另外，设计人员还可以自定义数据类型，例如：

```
subtype digits is integer range 0 to 9;
subtype bus8 is bit_vector(7 downto 0);
```

5.6.4 数组类型

数组是相同类型元素的集合，通常设计师可以将一个数组当成是一群由数据类型相同的元素所组成的一个数据对象。与高级程序设计语言相同，我们可以用数组的索引来存取存放在数组中的元素。

为了创建一个数组类型,使用关键字 type 和 array,语法如下:

type array_name is array(range_specification)of element_type;

回顾一下预定义的数组类型:

type bit_vector is array(natural range <>)of bit;
type std_logic_vector is array(natural range <>)of std_logic;

5.7 预定义属性

预定义属性从名义实体中获得信息,《IEEE 1076—2008 标准 VHDL 语言参考手册》中定义了 4 类预定义属性,分别是标量数据类型(包括数字的、枚举的和物理的)的预定义属性、数组类型的预定义属性、信号的预定义属性和自定义属性。这里介绍前 3 种预定义属性,自定义属性在这里不做详细介绍。

5.7.1 标量数据类型的预定义属性

该属性用于提供标量类型的信息。标量数据类型包括数字、枚举和物理类型,其中数字和枚举是可综合的。标量数据属性如表 5.3 所示,其中 T 表示标量数据类型对象。

表 5.3 标量类型的预定义属性

名 称	返回数据类型	结 果
T'LEFT	与 T 有相同的数据类型	T 的左边界
T'RIGHT	与 T 有相同的数据类型	T 的右边界
T'LOW	与 T 有相同的数据类型	T 的下限值
T'HIGH	与 T 有相同的数据类型	T 的上限值
T'ASCENDING	BOOLEAN	若 T 是升序,则为真,反之为假
T'IMAGE(X)	STRING	T 中输入值 X 的字符串表示
T'VALUE(X)	T 的基本数据类型	使用字符串表示的 X 在 T 中的值
T'POS(X)	INTEGER	T 中值 X 所在的位置(一般用于枚举类型)
T'VAL(X)	T 的基本类型	T 中索引号为 X 的值
T'SUCC(X)	T 的基本类型	T 中索引号为 X+1 的值
T'PRED(X)	T 的基本类型	T 中索引号为 X−1 的值
T'LEFTOF(X)	T 的基本类型	T 中位于索引号 X 左侧的值
T'RIGHTOF(X)	T 的基本类型	T 中位于索引号 X 右侧的值
T'BASE	任意类型	T 的基本类型

对于升序范围,T'LEFT=T'LOW,T'RIGHT=T'HIGH
对于降序范围,T'LEFT=T'HIGH,T'RIGHT=T'LOW

例如，考虑如下两个标量数据类型：

```
type myint is range 0 to 255;
type mystate is(s0,s1,s2);
```

令 x1、x2、x3、x4、y 为输出，则

```
signal x1,x2,x3,x4 : myint;
signal y : boolean;
x1<=myint'left;              --x1=0;
x2<=myint'right;             --x2=255;
x3<=myint'low;               --x3=0;
x4<=myint'high;              --x4=255
y<=myint'ascending           --y=true
```

对于枚举类型 state 的预定义属性，举例如下：

```
signal x1,x2,x3,x4,z: mystate;
signal y: integer;
x1<=mystate'left;            --x1=s0(="00")
x2<=mystate'right;           --x2=s2(="10");
x3<=mystate'low;             --x3=s0(="00");
x4<=mystate'high;            --x4=s2(="10");
y<=mystate'pos(s1);          --y=1(="01")
z<=mystate'val(2);           --z=s2(="10")
```

5.7.2 数组类型的预定义属性

表 5.4 给出了数组类型的预定义属性，其中 A 表示数组对象。

表 5.4 数组类型的预定义属性

名 称	返回数据类型	结 果
A'LEFT[(N)]	A 中第 N 个索引区间的数据类型	索引号为 N 的区间的左端位置号
A'RIGHT[(N)]	同上	索引号为 N 的区间的右端位置号
A'LOW[(N)]	同上	索引号为 N 的区间的低端位置号
A'HIGH[(N)]	同上	索引号为 N 的区间的高端位置号
A'RANGE[(N)]	同上	索引号为 N 的区间范围
A'LENGTH[(N)]	同上	索引号为 N 的区间的值的数目
A'ASCENDING[(N)]	BOOLEAN	索引号为 N 的区间为升序则返回 True，否则返回 False
A'ELEMENT	基本数据类型	返回其数据类型

N 是多维数组中所定义的多维区间序号，默认值为 N=1。当索引号取默认值时，数组属性函数就代表对一维数组进行操作

这里以一个例子来展示其意义。假设定义一个矩阵类型 matrix,声明该类型的一个信号对象 test,则可用以下语句获得其对应的属性值。

```
type matrix is array(1 to 4, 7 downto 0)of bit;
signal x1,x2,x3,x4,x5 : integer range 0 to 15;
signal x6 : boolean;
signal test : matrix;
x1<=matrix'left(1);          --x1=1,第 1 个区间 (1 to 4) 的左边界
x2<=matrix'left(2);          --x2=7,第 2 个区间 (7 downto 0) 的左边界
x3<=matrix'right(1);         --x3=4,第 1 个区间的右边界
x4<=matrix'right(2);         --x4=0,第 2 个区间的右边界
x5<=matrix'length(2);        --x5=8;,第 2 个区间的数据长度
x6<=matrix'ascending(1);     --x6=true,第一个区间是否升序
matrix'range(1);             --第 1 个区间的范围,返回 1 to 4
matrix'element;              --返回 bit
```

5.7.3 信号的预定义属性

表 5.5 给出了信号的预定义属性,其中,S 表示信号对象。EVENT 和 TRANSACTION 的区别在于 EVENT 是一个信号边缘(即上升沿和下降沿),该事件的发生可能会导致其他信号发生改变。如果确实使某个信号发生改变,则将启动与该信号相对应的 TRANSACTION。

表 5.5 信号的预定义属性

名 称	返回类型	结 果
S'DELAYED[(t)]	S 的基类型	延时 t 个单位时间的信号
S'STABLE[(t)]	BOOLEAN	在 t 个单位时间内信号稳定则为 True,否则为 False
S'QUIET[(t)]	BOOLEAN	在 t 个单位时间内信号反转则为 False,否则为 True
S'TRANSACTION	BIT	S 活跃时,对 S 反转
S'EVENT	BOOLEAN	S 发生跳变为 True,否则为 False
S'ACTIVE	BOOLEAN	S 活跃为 True,否则为 False
S'LAST_EVENT	TIME	前一个事件发生到当前的时间
S'LAST_ACTIVE	TIME	前一次活跃发生到当前的时间
S'LAST_VALUE	S 的基类型	前一次事件发生之前的 S 值
S'DRIVING	BOOLEAN	若一个进程驱动 S,则为 True,否则为 False

5.8 VHDL 中的运算

VHDL 中的运算包括逻辑、算术、比较、移位、合并、匹配等,每类运算都有相应的运算符。

5.8.1 赋值运算符

赋值运算符用于将值赋给 VHDL 对象（常数、信号和变量），分别为信号赋值、变量/常数赋值和阵列元素赋值。

1. 信号赋值

赋值给信号使用"＜＝"。在 VHDL 语言中，用来设置信号传送的符号为"＜＝"。在前面有关信号对象的赋值中我们也曾经提到过，在程序中信号的赋值必须通过"＜＝"来完成。

当我们使用信号赋值符号时，必须留意的是：在"＜＝"左右两边对象的数据类型及数据长度（位数量）必须一致。除此之外，也要注意声明信号的向量大小顺序。

2. 变量/常量赋值

给变量和常量赋值使用"：＝"。另外，给信号、变量、常量对象声明时赋初值也使用该符号。

3. 阵列元素赋值

给阵列元素赋值使用"＝＞"，一般为单独使用或与 OTHERS 联合使用。例如：

```
signal x: std_logic_vector(7 downto 0):="10011100";    --初值赋值
signal y: std_logic_vector(3 downto 0);
variable z: bit_vector(7 downto 0);

y(3)<='1';
y<="1010";
y<=(others=>'0');
y<=x(7 downto 4);
z :="10001100";
z :=(0=>'1', others=>'0');
```

5.8.2 逻辑运算符

逻辑运算符用于进行逻辑运算，分别为 NOT（非）、AND（与）、NAND（与非）、OR（或）、NOR（或非）、XOR（异或）、XNOR（同或）。其中，NOT 是单目运算符，其余的都是双目运算符。这些运算符支持的数据类型包括 bit、bit_vector、boolean、std_logic、std_ulogic、std_logic_vector、std_ulogic_vector 等。例如：

```
x<=NOT a AND b;                    --x=(/a)b
y<=NOT(a AND b);                   --x=/(ab)
```

z<=a NAND b;   --x=/(ab)

5.8.3 算术运算符

算术运算符用于数学计算,包括加法运算符(+)、减法运算符(-)、乘法运算符(*)、除法运算符(/)、指数运算符(**)、绝对值运算符(ABS)、求余运算符(REM)、求模运算符(MOD)。

在早期的包中,能够支持这些运算符的数据类型是 integer、natural 和 positive。若在 VHDL 代码中加入了 numeric_std 或 std_logic_arith 包,则(un)signed 数据类型也支持上述运算。若使用了包 std_logic_unsigned、std_logic_signed,或者 numeric_std_unsigned,则也支持 std_logic_vector。

对于整数的加、减、乘、除运算,并没有综合限制。对于指数运算,表达式只支持静态指数,若是非静态指数,则需要将其转换为静态的,甚至是 2 的整数次幂。对于 ABS、REM、MOD 3 个运算符在对整数运算的综合过程中没有限制。

需要注意的是,在上述的加、减运算中,系统并不处理进位(Carry)问题,也就是说,如果操作数为两个 8 位的数值相加,其输出也只有 8 位的数值,如果我们连进位都要的话,就必须额外加入合并 & 的处理(后面会配合程序示例来说明)。

至于乘(*)、除(/)指令,其操作数的数据类型可以为整型(Integer)及实型(Real)。在次方(**)运算中,其右边的指数部分必须为整型,左边的运算部分可以为整型或实型。

在算术运算中,加、减和乘比较容易理解,对于与除有关的算符,需做如下说明。

(1) X/Y:当|X|<|Y|时,返回值为 0,当|Y|<=|X|<2|Y|时,返回为±1,当 2|Y|<=|X|<3|Y|时,返回为±2,以此类推。例如:

3/5=0; 6/5=1; -3/5=0; -6/5=-1;

(2) ABS X:返回 X 的绝对值。

(3) X REM Y:返回 X/Y 的余,符号与 X 一致。X REM Y=X-(X/Y)*Y,所有运算都是整数运算,例如:

6 REM 3=0; 7 REM 3=1, 7 REM -3=1, -7 REM 3=-1

(4) X MOD Y:返回 X/Y 的剩余值,符号与 Y 一致。X MOD Y=X REM Y+a*Y,其中当 X 与 Y 的符号不相同时 a=1,否则为 0。

5.8.4 关系运算符

关系运算符又称比较运算符,符号如下。

(1) 相等:=。
(2) 不等:/=。
(3) 小于:<。
(4) 大于:>。
(5) 小于等于:<=。

(6) 大于等于：>=。

在早期定义的包中，可综合的且能够支持关系运算符的预定义数据类型包括 bit、bit_vector、boolean、integer、natural、positive、character 和 string。若要支持(un)signed 数据类型，则需要在代码中声明包 numeric_std 或 std_logic_arith；若要支持 std_logic_vector，则需要声明 std_logic_unsigned、std_logic_signed 或 numeric_std_unsigned。

凡是经过关系运算之后的结果，其数据类型必定为含有 True 或 False 的 boolean 类型值。与前面所讨论的逻辑运算一样，关系运算通常是用在条件判断语句(如 if 条件 then…else 指令)中，它可以搭配前面的逻辑运算指令，来完成较复杂的条件判断。

5.8.5 移位运算

移位运算在 VHDL 93 中，用于对数据向量进行移位，分别如下。
(1) SLL：逻辑左移，右边位置上的位补 0。
(2) SRL：逻辑右移，左边位置上的位补 0。
(3) SLA：算术左移，复制最右边的位填充。
(4) SRA：算术右移，复制最左边的位填充。
(5) ROL：循环左移。
(6) ROR：循环右移。

在早期的包定义中，支持移位操作的数据是 bit_vector。若要支持(un)signed 数据类型，则需要声明引用 numeric_std 或 std_logic_arith 包；若要支持 std_logic_vector，则要引用 std_logic_unsigned、std_logic_signed 或 numeric_std_unsigned 包。

例如，假设 x 是一个 bit_vector 型的信号，其值为"01101"，y 也是一个 bit_vector 型信号，且与 x 等宽度，下列展示了上述几种移位运算符的结果。

```
y<=x SLL 2;        --y<="10100"
y<=x SLA 2;        --y<="10111"
y<=x SRL 3;        --y<="00001"
y<=x SRA 3;        --y<="00001"
y<=x ROL 2;        --y<="10101"
```

5.8.6 合并运算符

用来将对象和值合并在一起，扩充总线宽度，使用的符号是 &。早期支持合并运算的数据类型包括 bit_vector、std_(u)logic_vector、(un)signed 和 string 等。例如：

```
signal x: std_logic_vector(3 downto 0);
signal y: std_logic_vector(3 downto 0);
signal z: std_logic_vector(7 downto 0);
x<="0011";
y<="1010";
```

```
z<=x&y;                           --z<="00111010";
```

5.8.7 运算符的优先级

与一般的高级语言一样,上述的各种运算(如算术、关系、逻辑等),它们的运算符皆拥有自己的优先顺序,在程序的同一行语句中我们会遇到好几个操作数在一起,此时哪一个先运算,哪一个后运算就很重要了。

下面就将上述各种运算及其所属的运算符的优先顺序整理,如图5.5所示。

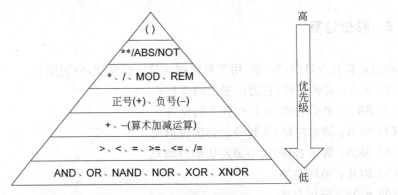

图5.5 运算符及其优先级

在上述的各种运算中,优先顺序依编号1~7的顺序来排列,其中"()"的优先级最高。为了避免发生不必要的错误,设计师应该学会妥善使用"()",把自己认为应该先做的运算括起来即可。

思 考 题

1. 什么是对象?对象分几种类型?如何声明一个对象?
2. 什么是信号?什么是变量?什么是别名?如何声明它们?

第 6 章 VHDL 语言的程序结构

任何一种计算机语言都有其固定的程序结构，VHDL 也不例外，它的每个组成部分都有严格的定义。本章讨论 VHDL 语言的程序结构，讲述 VHDL 程序的组成要素。

6.1 VHDL 设计模型

数字逻辑电路由数字逻辑元件及将这些元件连接在一起的导线构成，用于实现一定的逻辑功能，因此从整体来讲，电路分两级，分别是元件级和系统级。所谓元件级就是对元件的设计，所谓系统级就是将这些元件连接集成起来的设计。对于元件设计，由数据流模型和行为模型进行设计描述，而对于系统级，则由结构化模型实现。

6.1.1 数据流模型

一般来讲，数据流模型是直接使用基本门或扩展门，根据输入输出之间的逻辑关系对元件进行描述。其模型如图 6.1 所示。顾名思义，数据流描述的是数据从输入到输出的流动过程，直接描述了输出和输入之间的逻辑关系，因此逻辑表达式在编写代码之前必须事先写好。这种模型没有特定的硬件约束，可以综合，也可以仿真。

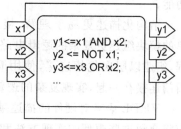

图 6.1 数据流模型

该模型在实际实现中，是通过一系列的并行语句实现数字逻辑。需要指出的是，并行语句在编译时被同时评估，因此语句的顺序无关紧要。并行语句的书写与电路结构紧密相关，因此，在使用数据流模型描述电路时，它仅适用于小规模已知逻辑关系的电路的设计。这种模型的好处是节省内部芯片资源且速度快，但设计周期长，且代码调试起来不方便。

6.1.2 行为模型

行为模型使用语言描述电路的功能，无关电路结构。编译过程会根据语言的内容选择合适的元件将其实现。它精确地描述了输入和输出之间的逻辑关系，如图 6.2 所示。

行为模型一般用来描述元件，若将输入输出之间的实现过程看作黑盒子，行为它精确地描述和黑盒子内部发生的输入输出关系。它不面向特定硬件，可综合，可仿真。优点是易于理解，易于调试修改，但可能综合出的电路比较复杂，占用比较多的资源。

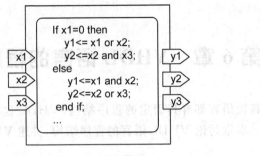

图 6.2　行为模型

6.1.3　结构化模型

结构化模型描述了电路的层次化组织结构，描述了系统中各元件之间的连接关系，是模块化、层次化编程的基础。使用该模型易于团队协作开发产品。模型结构如图 6.3 所示。该电路有两个元件组成，每个元件有不同的设计人员根据需求分别完成，最后交付更高级设计人员按照特定的逻辑关系或接口规范将两者联合起来，实现更高层次的功能。

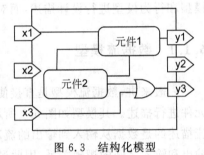

图 6.3　结构化模型

结构化描述更易于理解，接近原理图，它使用简单的模块组建更复杂的逻辑电路，属于电路系统级编程，组建以层次化相连接，使用简单甚至更复杂的逻辑门连接在一起，实现复杂的逻辑功能。

VHDL 语言对硬件的描述基本就是这 3 种模型，或者 3 种模型的混合形式。后续章节将介绍这些模型的实现方法和语法规范。

6.2　VHDL 程序结构

我们在设计一个硬件控制电路时，需要事先根据电路要实现的功能将电路的模块框图给出，描述出每个模块的功能、输入输出端口，以及每个模块之间的相互连接关系。然后根据每个模块之间的输入输出关系进行电路设计。确定电路的输入输出引脚，实际上就是定义电路的整体外观(称为实体，Entity)，描述电路的输入输出逻辑关系实际上就是实现电路的图纸(称为架构，Architecture)。在实现某逻辑功能时，可能会有不同的实现方法，因此会有不同的 Architecture，因此还需要为 Entity 指定具体的 Architecture，称为配置(Configuration)。在设计过程中，还需要使用预定义的元件或数据类型，需要加载对应的库(Library)和包(Package)。这 4 种设计单元，组成了 VHDL 程序的基本框架，如图 6.4 所示。为方便理解程序，本书中文字描述中实体将用 Entity 表示，架构将用 Architecture 表示。

第6章 VHDL语言的程序结构

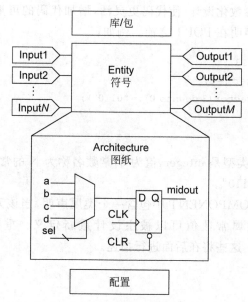

图 6.4 VHDL语言的结构

6.2.1 实体

1. 实体声明

Entity 定义了电路的输入和输出端口。它有些类似于 C/C++ 中函数的声明部分。它包含一个输入输出引脚的定义列表。Entity 声明的语法如下：

```
ENTITY entity_name is
  GENERIC(constant_name1:constant_type :=consant_value;
          constant_name2:constant_type :=constant_value);
  PORT(
    PIN_NAME1: port_mode signal_type;
    PIN_NAME2: port_mode signal_type;
    …);
END ENTITY(或 entity_name);
```

其中，ENTITY 是保留字，表示这里定义一个实体；entity_name 是实体名称，是除了所有 VHDL 中的保留字以外的所有合法字符串。GENERIC 是关键字，表示类属的声明。PORT 是关键字，表示要声明端口列表，其中 PIN_NAME 表示端口名称，命名约束要符合 VHDL 符号命名规则。port_mode 是端口类型，signal_type 是信号的数据类型。实体声明的结束使用 END ENTITY。

2. 类属

类属声明就是对类属参数的说明(类属常数，可以很方便地进行修改，以适应于不同的应用)。目的是实现参数化设计,使代码更灵活,增加代码的可重复使用性。类属仅可在实体中声明,且只能声明在PORT之前。例如:

```
ENTITY my_generic IS
  GENERIC(M: integer :=8;
          N: bit_vector(3 downto 0):="0110");
  PORT(…);
END my_generic;
```

其中,名称为 M 的常数类型是 integer,值为 8;常数名称为 N 的常数类型是 bit_vector(3 downto 0),常数值是"0110"。

如果在一个元件 COMPONENT 中包含一个类属声明,当该元件在另外的设计中例化时,元件中出现的类属常数值可以被主设计重新定义。重新定义的方法是采用 GENERIC MAP 声明。这些将在后面进行描述。

3. 端口

PORT 声明区域中的所有端口都是 signal 类型的,这意味着它们是输入输出端口的连线。通常端口类型有 4 种,分别是输入(in)、输出(out)、输入输出(inout)、缓冲(buffer),如图 6.5 所示。其中,in 和 out 表示单方向连线;而 inout 是双向的,buffer 表示信号作为输出,但还需要内部使用。信号的数据类型可以是 bit、integer、std_logic、bit_vector、std_logic,等等。

in 代表所声明引脚的模式为输入,也就是说该引脚可以接收实体以外的电路信号来触发和驱动电路。在 VHDL 语言中,若在实体中没有声明一个引脚的工作模式,则默认为 in。

out 代表声明引脚的模式为输出模式,也就是说此引脚只能输出信号,去驱动实体外部的电路。需要注意的是输出引脚不可以反馈到实体内部,但如果设计师一定要将信号反馈到实体内部使用,则可以通过定义内部信号的方式来解决,如图 6.6 所示。

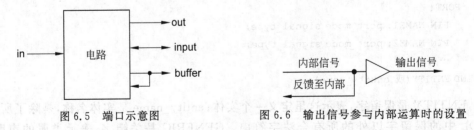

图 6.5　端口示意图　　　　图 6.6　输出信号参与内部运算时的设置

inout 代表所声明引脚的工作模式为双向,也就是说,该引脚的信号可以驱动实体以外的电路,也可以接收外部信号。这种模式下,输出不能反馈到电路内部使用。

buffer 是缓冲,可将输出反馈到内部使用。使用 buffer 可避免在内部创建多余的信号。inout 在实现存储器时是比较重要的,通常在同一个数据总线上进行读写。虽然 buffer 作为缓冲端口与 inout 功能类似,但当需要读入数据时,inout 端口只允许内部回读内部产生的输出信号,即反馈。例如,设计计数器时,可将输出的计数信号定义为 buffer,

这样回读输出信号可作为下一计数值的初始值,但若定义为 inout,则先前的值就被覆盖了。

这里以一个 2-1 选择器为例,说明端口的声明方法,其示意图如图 6.7 所示。

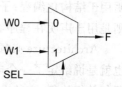

```
ENTITY sel21 IS
    PORT(W0,W1,SEL : in bit;
              F : out bit);
END sel21;
```

图 6.7 2-1 选择器端口

这里,sel21 表示实体名,W0、W1、SEL、F 表示端口名称,其中,W0、W1 和 SEL 定义为 in 模式,表示输入引脚,F 定义为 out 模式,表示输出引脚。所有的输入输出引脚都是 bit 信号类型。

6.2.2 架构

Architecture 描述了输入输出端口之间的逻辑关系,类似于 C/C++ 中的函数实现部分。Architecture 用于实现对电路工作原理的描述,并生成符合需求的实际电路。Architecture 的声明语法如下:

```
ARCHITECTURE architecture_name OF entity_name IS
[声明部分:
信号声明;
常数声明;
自定义类型声明;
元件声明;
子类型声明;
属性声明;
子程序声明;
子程序体;]
BEGIN
进程语句;
并行过程调用;
并行信号赋值;
元件例化语句;
生成语句;
END ARCHITECTURE(或 architecture_name);
```

其中,ARCHITECTURE 是保留字,它对电路的描述以 BEGIN 开始,以 END 结束。architecture_name 表示所要描述的 Architecture 名称,entity_name 表示该结构要描述的 Entity,也就是说它要描述的是 entity_name 中定义的输入、输出端口之间的逻辑关系。声明部分用于声明数据类型和所用到的元件等,该部分声明的数据类型仅仅对该 Architecture 有效。

信号的声明实际上就是在设计过程中用到的连线节点;常数声明就是声明在电路设计中用到的常数,方便编程调试;自定义类型一般为枚举类型,用于状态机的设计;元件声明用于结构化编程;子类型声明和属性声明都是为方便编程使用;子程序和子程序体声明则是用于声明在程序编写过程中需要的子程序调用。

Architecture 必须和一个 Entity 相关联,但一个 Entity 可以对应多个 Architectures,也就是说给定了一个电路设计需求,可以有不同的电路实现方式。在 Architecture 内部,语句并行执行,它的电路描述模型就是 VHDL 的设计模型,即数据流描述、行为描述、结构化描述或混合描述等方式。

在描述电路时,所使用的语句有进程语句,一般用于时序电路;并行过程调用语句,实际上就是调用子函数;并行信号赋值语句,描述电路之间的接口关系;元件例化语句,用于放置设计好的子模块;产生语句通常用于放置元器件和循环赋值。这些语句之间都是并行执行的,相互之间可以通过信号传递信息。

下面使用 VHDL 代码在 Architecture 中描述 2-1 选择器的输入输出逻辑关系。

```
ARCHITECTURE behave OF sel21 IS
BEGIN
    F<= ((NOT SEL)AND W0)OR(SEL AND W1);
END behave;
```

这里结构体名称是 behave,对应的实体名称是前面声明的 sel21。BEGIN 和 END 之间的语句描述了输入和输出之间的逻辑关系。这里没有结构体内的声明部分,只用一个简单的逻辑关系表达式表示了输入输出之间的关系。

6.2.3 库和包

库是常用的代码集合,将这些代码放入一个库中,开发人员之间可共享这些代码,实现代码的重利用,促进设计效率和设计准确率,因为这些代码都是经过前人实践过的、面向器件最优的程序。如果和 C/C++ 编程格式相比较,库有些类似于头文件。典型的库结构如图 6.8 所示。

任何已设计好的电路都可以当作库的一部分,这些电路可以在另外的设计中使用 COMPONENT 关键字进行例化。另外一种常用的可选方式是使用函数(Function)或过程(Procedure),通称为子程序。将函数和过程放入一个包中,然后将包作为库的组成部分,即可以实现这段代码的重利用。常用的数据类型声明也一般放在库中。

在 VHDL 编程中,通常使用的库有两个:一个是标准库 STD;另一个是工业标准 IEEE 库。下面就分别介绍这两个库。

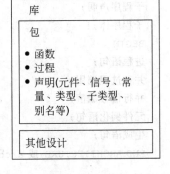

图 6.8 库和包

1. 标准库

STD 是隐式的,可不在程序中声明。STD 中的包有两个,分别是 standard 和 textio。

(1) standard:该包在 IEEE 1076 有充分说明,自 VHDL 的第一版(1987)就作为 VHDL 的一部分。它包含的数据类型包括 bit、integer、boolean、character,以及对应的逻辑、算术、比较、移位和级联等。在 VHDL 2008 中该包获得了扩展。

(2) textio:用于实现文本和文件操作的库,也在 IEEE 1076 标准中说明并在 VHDL 2008 中得到扩展。

2. IEEE 库

工业标准 IEEE 库是显式的,其中含有若干包,简介如下。

(1) std_logic_1164:定义了 std_ulogic 和 std_logic 的 9 值数据类型,和原来 std 中定义的 bit 相比,多了可综合的'-'(不关心)和'Z'(高阻态),原始的 bit 只定义了'0'和'1'。该包在 IEEE 1164 标准中有详细描述。

(2) numeric_std:该包中引入了 signed 和 unsigned 两种数据类型以及相应的运算,它以 std_logic 作为基本数据类型,该包在 IEEE 1076.3 标准中有详细描述。

(3) numeric_bit:和 numeric_std 相似,只不过它以 bit 作为基本数据类型。

(4) numeric_std_unsigned:在 VHDL 2008 中引入,可望替代非标准包 std_logic_unsigned。

(5) numeric_bit_unsigned:在 VHDL 2008 中引入,类似于 numeric_std_unsigned,但运算时使用的是数据类型为 bit_vector,而不是 std_logic_vector。

(6) env:在 VHDL 2008 中引入,包含了在与仿真环境通信时的停止和结束过程。

(7) fixed_pkg:由 Kodak 公司开发,在 VHDL 2008 中引入,它定义了无符号和有符号的定点数据类型 UFIXED 和 SFIXED 及其相关的运算。

(8) float_pkg:同样由 Kodak 公司开发,在 VHDL 2008 中引入,定义了浮点数据类型 float 及其相关运算。

(9) std_logic_arith:定义了数据类型 signed 和 unsigned 及其相关运算,该包部分等效于 numeric_std。

(10) std_logic_unsigned:定义了将 std_logic_vector 数据类型作为无符号数的相关算术、比较、移位等运算。

(11) std_logic_signed:和 std_logic_unsigned 类似,它定义了符号数的相关运算。

在实际设计中,用得最多的是 std_logic_1164、std_logic_arith、std_logic_signed 和 std_logic_unsigned。

3. 库和包的声明

为了使库和包在设计中是可见的,需要在程序开始对库和包进行声明。隐式库可以不用声明,但显式库必须声明。对于库的声明方式,使用关键字 LIBRARY,而对于包的声明方式则使用 USE 关键字,并指明包在库中的位置,例如:

```
LIBRARY IEEE;
USE IEEE.STD_LOGIC_1164.ALL;
```

表示使用 IEEE 库,并使用 IEEE 库中的包 STD_LOGIC_1164。

6.2.4 配置

需要说明的是,对于同一个 Entity,可能会有不同的 Architecture 实现方式。也就是说对于相同的输入输出控制逻辑,可能会有不同的实现方式。但 VHDL 在综合时只能为 Entity 指定一个 Architecture。将两者相互关联时所使用的方法是配置(Configuration)。配置的声明方式如下:

```
CONFIGURATION configuration_name OF entity_name IS
   FOR architecture_name
   END FOR;
END CONFIGURATION;
```

其中,CONFIGURATION 是关键字,表示声明一个配置。configuration_name 是配置名,entity_name 是对应的 Entity 名称,architecture_name 是要与 entity_name 关联的 Architecture 名称。FOR 和 END FOR 是关键字,表示指定 Architecture。END CONFIGURATION 表示配置声明结束。

在仿真环境中可大量使用 Configuration,这样可以灵活使用不同的 Architecture,在调试过程中选择最优的设计方案。但在综合环境中限制使用。

6.3 简单的例子

例 6.1 3-8 译码器。

下面以 3-8 译码器为例,对一个简单的 VHDL 程序加以说明,先对 VHDL 程序有一个初步印象。

一个简单的 3-8 译码器有 3 个数据输入端 A0、A1、A2,一个使能端 EN,8 个输出端 Y0、Y1、Y2、Y3、Y4、Y5、Y6、Y7,其输入输出端口描述如图 6.9 所示,其真值表如表 6.1 所示。

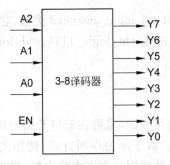

图 6.9 3-8 译码器输入输出引脚

表 6.1 3-8 译码器真值表

EN	A2	A1	A0	Y0	Y1	Y2	Y3	Y4	Y5	Y6	Y7
1	0	0	0	1	0	0	0	0	0	0	0
1	0	0	1	0	1	0	0	0	0	0	0
1	0	1	0	0	0	1	0	0	0	0	0
1	0	1	1	0	0	0	1	0	0	0	0
1	0	0	0	1	0	0	0	1	0	0	0
1	0	0	1	0	1	0	0	0	1	0	0
1	0	1	0	0	0	1	0	0	0	1	0
1	0	1	1	0	0	0	1	0	0	0	1
0	0	X	X	0	0	0	0	0	0	0	0

根据上述真值表,可获得输入输出关系如下:

$$Y0 = EN \cdot \overline{A2} \cdot \overline{A1} \cdot \overline{A0}$$
$$Y1 = EN \cdot \overline{A2} \cdot \overline{A1} \cdot A0$$
$$Y2 = EN \cdot \overline{A2} \cdot A1 \cdot \overline{A0}$$
$$Y3 = EN \cdot \overline{A2} \cdot A1 \cdot A0$$
$$Y4 = EN \cdot A2 \cdot \overline{A1} \cdot \overline{A0}$$
$$Y5 = EN \cdot A2 \cdot \overline{A1} \cdot A0$$
$$Y6 = EN \cdot A2 \cdot A1 \cdot \overline{A0}$$
$$Y7 = EN \cdot A2 \cdot A1 \cdot A0$$

根据上述输入输出逻辑函数表达式,结合 VHDL 语法,使用数据流模型实现,其程序如下:

```
LIBRARY IEEE;                          --使用 IEEE 库
use ieee.std_logic_1164.all;           --使用 IEEE 库中的 1164 标准包

ENTITY dec38 IS                        --ENTITY 声明
PORT(A2,A1,A0,EN : in   std_logic;     --输入端口声明
     Y0,Y1,Y2,Y3 : out std_logic;      --输出端口声明
     Y4,Y5,Y6,Y7 : out std_logic       --输出端口声明
     );
END dec38;                             --ENTITY 声明结束

ARCHITECTURE dataflow OF dec38 IS      --  ARCHITECTURE 声明
signal na1,na0,na2 : std_logic;        --声明内部连线
BEGIN                                  --实现输入输出之间的逻辑
    Y0<=EN and na2 and na1 and na0;
    Y1<=EN and na2 and na1 and A0;
```

```
        Y2<=EN and na2 and A1   and na0;
        Y3<=EN and na2 and A1   and A0;
        Y4<=EN and A2 and na1 and na0;
        Y5<=EN and A2 and na1 and A0;
        Y6<=EN and A2 and A1    and na0;
        Y7<=EN and A2 and A1    and A0;

        na1<=not A1;
        na0<=not A0;
        na2<=not A2;
        END dataflow;                               --Architecture 声明结束
```

在 VHDL 语言中,"--"表示注释。所有的注释都必须以"--"开始,该注释仅对行有效。它有些类似于 C++ 中的"//"和 MATLAB 中的"%"。注释可以出现在程序的任何地方,需要注意的是,加了注释之后,与注释符同行之后的所有字符将都被看作注释。

"library ieee;"语句表示使用 IEEE 标准库,"use ieee.std_logic_1164.all"表示使用 IEEE 定义的标准 1164 的包中所有数据类型和运算符。这些类似于 C/C++ 中的头文件。我们知道,在 C/C++ 中,头文件定义了用户可引用的函数及数据类型。

与 C/C++ 不同的是,在 VHDL 中,上述语句是并行执行的,也就是说,上述语句的顺序不影响输出的结果。这非常符合电路的特征。可能有读者会疑惑,Architecture 中的输出引脚赋值用到了 na1 或 na0,但 na1 和 na0 却是在最后赋值的,这样应该会有不同的结果。实际上,读者初次学习 VHDL,由于受到 C/C++ 顺序语句的影响,有这样的疑惑也是自然的。但从现在开始,读者应该将顺序思维转换到并行思维中,其关键是将 VHDL 语句与具体要实现的电路结合起来。

例 6.2 4 位全进位加法器。

4 位全加器输入输出端口描述如图 6.10 所示,它实现 A(3...0) 与 B(3...0) 和进位 Cin 相加,加和赋给输出端口 S(3...0),进位赋给 Cout。

有两种方法实现 4 位全加器。一种是数据流描述方法,根据加法运算的基本原理,先使用 1 位全加器逐位相加,逐位进位,最后实现加法结果,如图 6.11 所示。

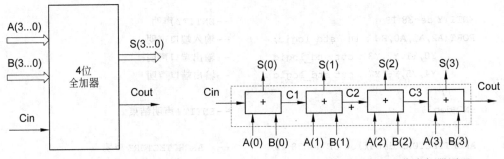

图 6.10 4 位全加器输入输出端口示意图   图 6.11 利用 1 位全加器实现 4 位全加器原理

根据 1 位全加器原理,可得最低位 1 位全加器的输入输出关系为

$$S(0) = Cin \otimes A(0) \otimes B(0)$$

$$C1 = Cin \cdot A(0) + A(0) \cdot B(0) + Cin \cdot B(0)$$

另一种方法是使用 IEEE 数据库提供的加法运算符（＋）和合并运算符（&）实现。在这里使用两个 Architectures 说明其实现过程。

代码如下：

```
LIBRARY IEEE;                           --使用 IEEE 库
USE IEEE.STD_LOGIC_1164.ALL;            --使用 IEEE 库中的 1164 标准包
USE IEEE.STD_LOGIC_UNSIGNED.ALL;

ENTITY fulladder4 is                    --ENTITY 声明
PORT(A,B : in  std_logic_vector(3 downto 0);
     cin : in std_logic
       S : out std_logic_vector(3 downto 0);
     cout : out std_logic);
END fulladder4;

ARCHITECTURE dataflow OF fulladder4 IS
signal C1,C2,C3 : std_logic;
BEGIN
    S(0)<=Cin XOR A(0)XOR B(0);
    S(1)<=C1 XOR A(1)XOR B(1);
    S(2)<=C2 XOR A(2)XOR B(2);
S(3)<=C3 XOR A(3)XOR B(3);
C1<= (A(0)AND B(0))OR(A(0)AND Cin)OR(B(0)AND Cin);
C2<= (A(1)AND B(1))OR(A(1)AND C1)OR(B(1)AND C1);
C3<= (A(2)AND B(2))OR(A(2)AND C2)OR(B(2)AND C2);
Cout<= (A(3)AND B(3))OR(A(3)AND C3)OR(B(3)AND C3);
END dataflow;

ARCHITECTURE arithadd OF fulladder4 IS
signal sum : std_logic_vector(4 downto 0);
BEGIN
    sum<='0'&A+B+Cin;
    S<=sum(3 downto 0);
    Cout<=sum(4);
END arithadd;

CONFIGURATION confadd OF fulladder4 IS
FOR arithadd
END FOR;
END confadd;
```

这里对应的 Entity fulladder4 有两个 Architectures 描述，名称分别为 dataflow 和 arithadd，在编译放置时需要为 fulladder4 指定一个具体的 Architecture，例子中指定的是 arithadd，当然也可以指定 dataflow。

思 考 题

1. 一个完整的 VHDL 程序由哪几部分组成？试述其功能。
2. VHDL 的功能描述模型有几种？各自有什么特点？
3. 简述库和包的概念及其在程序中的作用。

第7章 并行语句

数字电路分为两类：一类是组合逻辑电路；另一类是时序逻辑电路。组合逻辑电路的输出与输入是瞬时关系，输入端的任何变化将会引起输出端的变化。组合逻辑电路中没有记忆功能，可用一个简单的前馈模型描述。而时序逻辑电路则输出不仅依赖于当前的输入，还依赖于当前的电路状态，因此它需要存储单元实现记忆功能，并且需要时钟信号控制系统的元件，有可能需要复位信号控制系统的初始状态。但总体来讲，电路是并行的，即时序逻辑电路作为整个电路的一部分，与其他电路模块是并行的。

并行信号赋值语句有3种，分别是简单信号赋值语句、条件信号赋值语句和选择信号赋值语句。它们独立于进程和子程序之外，是数据流风格描述的基本语句。实际上，独立于子程序和进程之外的任何信号赋值语句都是并行的。另外3个并行语句是产生语句、块语句和元件例化。它们有助于实现层次化和模块化编程。本章讲述3个并行信号赋值语句、产生语句和块语句，元件例化将在后面章节讲述。

本章学习并行语句，并行语句之间的放置位置不影响电路的功能。例如，实现逻辑函数表达式 $F=AB+CD$，可以采用如下程序描述：

```
SIGNAL x, y : BIT;
F<=x or y;
x<=A and B;
y<=C and D;
```

也可以这样描述：

```
SIGNAL x, y : BIT;
x<=A and B;
F<=x or y;
y<=C and D;
```

7.1 简单信号赋值语句

简单信号赋值语句就是使用运算符实现电路信号赋值，如逻辑、算术、移位运算。理论上讲，任何电路都可以使用运算符实现。但是只使用逻辑对于设计算术电路或简单逻辑电路是可行的，但对于大规模电路则力不从心。我们以一个4-1选择器来为例说明简单信号赋值语句的实现方法。模型及其真值表如图7.1所示。

例 7.1 4-1选择器的简单信号赋值语句实现。

电路的输入是S0、S1、W0、W1、W2、W3，输出是F。这里S0、S1作为控制端。从真值表中可以看出，输出是对输入端的四选一。根据真值表，其逻辑函数表达式可写为

$$F = \overline{S1} \cdot \overline{S0} \cdot W0 + \overline{S1} \cdot S0 \cdot W1 + S1 \cdot \overline{S0} \cdot W2 + S1 \cdot S0 \cdot W3$$

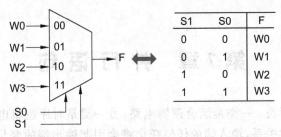

图 7.1 4-1 选择器输入输出引脚及其真值表

结合 IEEE 工业标准，这里设计的电路信号数据类型都为 std_logic 形式，因此根据前面所讲过的 VHDL 程序框架，首先引入库和包，然后编写实体，最后给出结构。代码如下：

```
LIBRARY IEEE;                                    --库
USE IEEE.STD_LOGIC_1164.ALL;                     --包

ENTITY mysel41 IS                                --定义实体,实体名称为 mysel41
PORT(S1,S0,W0,W1,W2,W3 : in  std_logic;          --输入端口
     F : out std_logic);                         --输出端口
END mysel41;

ARCHITECTURE simpleassign01 OF mysel41 IS        --定义结构,结构名为 behave
BEGIN
   F<=(not S1)and(not S0)and W0 or               --简单信号赋值语句
      ((not S1)and S0 and W1) or
      (S1 and(not S0)and W2)or
      (S1 and S0 and W3);
END simpleassign01;
```

由于上述程序只使用一个语句，看起来代码比较难读，根据前面学到的信号对象知识，可在电路设计时使用信号。电路可以设计为如图 7.2 所示。

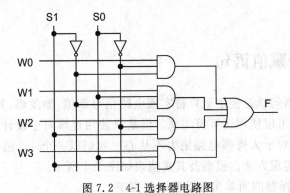

图 7.2 4-1 选择器电路图

这里可以将 NOT S1 和 NOT S0 设置为信号，代码如下：

```
ARCHITECTURE simpleassign02 OF mysel41 IS
```

```
SIGNAL ns1, ns0: std_logic;              --定义 S0、S1 的非逻辑信号线
BEGIN
F<= (ns0 and ns1 and W0)or
    (ns1 and S0 and W1)or
    (S1 and ns0 and W2)or
    (S1 and S0 and W3);
ns0<=not S0;
ns1<=not S1;
END simpleassign02;
```

更进一步地,将或门的 4 个输入也设置为信号,如图 7.3 所示。

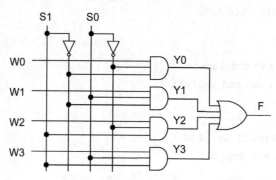

图 7.3 4-1 选择器的或门输入定义为信号

程序可写为

```
ARCHITECTURE simpleassign03 OF mysel41 is
SIGNAL ns1,ns0,Y0,Y1,Y2,Y3 : std_logic;
BEGIN
F<=Y0 or Y1 or Y2 or Y3;
Y0<=W0 and ns1 and ns0;
Y1<=W1 and ns1 and S0;
Y2<=W2 and S1 and ns0;
Y3<=W3 and S1 and S0;
ns1<=not S1;
ns0<=not S0;
END simpleassign03;
```

例 7.2 2-4 译码器的简单信号赋值语句编程。

2-4 译码器的输入输出引脚和真值表如图 7.4 所示。

根据真值表,可列出输入输出之间的关系:

$$Y0 = EN \cdot \overline{A1} \cdot \overline{A0}, \quad Y1 = EN \cdot \overline{A1} \cdot A0,$$
$$Y2 = EN \cdot A1 \cdot \overline{A0}, \quad Y3 = EN \cdot A1 \cdot A0$$

根据上述逻辑函数表达式,基于简单信号赋值语句可写出其 VHDL 程序如下:

```
LIBRARY IEEE;
```

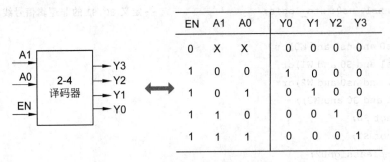

图 7.4 2-4 译码器输入输出引脚及其真值表

```
USE IEEE.STD_LOGIC_1164.ALL;

ENTITY dec24 IS
PORT(EN,A1,A0 : in   std_logic;
     Y0,Y1,Y2,Y3 : out std_logic);
END dec24;

ARCHITECTURE behave OF dec24 IS
signal na1,na0 : std_logic;
BEGIN
  Y0<=EN and na1 and na0;
  Y1<=EN and na1 and A0;
  Y2<=EN and A1  and na0;
  Y3<=EN and A1  and A0;
  na1<=not A1;
  na0<=not A0;
END behave;
```

例 7.3 1-4 分路器。

1-4 分路器的输入输出引脚及其真值表如图 7.5 所示。

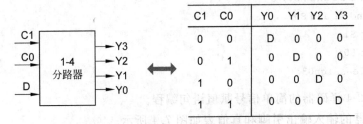

图 7.5 1-4 分路器输入输出引脚及其真值表

根据真值表，可列出其输入输出的关系：

$$Y0 = D \cdot \overline{C1} \cdot \overline{C0}, \quad Y1 = D \cdot \overline{C1} \cdot C0, \quad Y2 = D \cdot C1 \cdot \overline{C0}, \quad Y3 = D \cdot C1 \cdot C0$$

根据上述逻辑函数表达式，基于简单信号赋值语句可写出其 VHDL 程序如下：

```
LIBRARY IEEE;
```

```
USE IEEE.STD_LOGIC_1164.ALL;

ENTITY div14 IS
PORT(D,C1,C0 : in    std_logic;
     Y0,Y1,Y2,Y3 : out std_logic);
END div14;

ARCHITECTURE behave OF div14 IS
signal nc1,nc0 : std_logic;
BEGIN
  Y0<=D and nc1 and nc0;
  Y1<=D and nc1 and C0;
  Y2<=D and C1  and nc0;
  Y3<=D and C1  and C0;
  nc1<=not C1;
  nc0<=not C0;
END behave;
```

例7.4 3位无符号数比较器。

在实际电路设计中通常用到比较器实现决策。这里以3位无符号数比较器为例讨论比较器的设计方法。图7.6给出了输入输出引脚及其真值表。

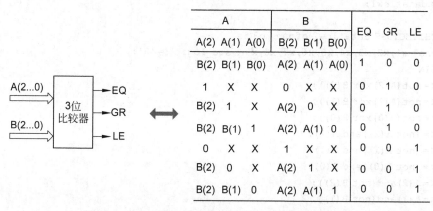

A			B			EQ	GR	LE
A(2)	A(1)	A(0)	B(2)	B(1)	B(0)			
B(2)	B(1)	B(0)	A(2)	A(1)	A(0)	1	0	0
1	X	X	0	X	X	0	1	0
B(2)	1	X	A(2)	0	X	0	1	0
B(2)	B(1)	1	A(2)	A(1)	0	0	1	0
0	X	X	1	X	X	0	0	1
B(2)	0	X	A(2)	1	X	0	0	1
B(2)	B(1)	0	A(2)	A(1)	1	0	0	1

图7.6 3位无符号数比较器输入输出引脚及其真值表

3位无符号数比较器的行为描述如下：若A=B,则EQ=1,GR、LE=0;若A>B,则GR=1,EQ、LE=0;若A<B,则LE=1,GR、EQ=0。因此,可有以下判别过程。

(1) 若A、B中的位对应相等,即A(2)XNOR B(2)=1,A(1)XOR B(1)=1,A(0)XOR B(0)=1同时满足时,A=B。

(2) A>B时,对应位需满足如下条件之一：①A(2)=1,B(2)=0；②A(2)XOR B(2)=1(即A(2)=B(2)),且A(1)>B(1);③A(2)XOR B(2)=1,A(1)XOR B(1)=1,且A(0)>B(0)。

(3) A<B时,对应位需满足如下条件之一：①A(2)=0,B(2)=1；②A(2)XOR

B(2)=1,A(1)<B(1);③A(2)XOR B(2)=1,A(1)XOR B(1)=1,且 A(0)<B(0)。

对于 std_logic 类型的信号 X、Y 而言,若 X>Y,则 X AND(NOT Y)=1;若 X<Y,则(NOT X)AND Y=1。因此根据上述讨论,基于简单信号赋值语句的 3 位无符号数比较器 VHDL 程序如下:

```vhdl
LIBRARY IEEE;
USE IEEE.STD_LOGIC_1164.ALL;

ENTITY ucomp3 IS
PORT(A, B : in   std_logic_vector(2 downto 0);
    EQ,GR,LE : out std_logic);

ARCHITECTURE dataflow1 OF ucomp3 IS
SIGNAL na2,na1,na0,nb2,nb1,nb0 : std_logic;
BEGIN
    EQ<=(A(2)xnor B(2))and(A(1)xnor B(1))and(A(0)xnor B(0));
    GR<=(A(2)and nb2)or((A(2)xnor B(2))and((A(1)and nb1))
        or((A(2)xnor B(2))and(A(1)xnor B(1))and(A(0)and nb0));
    LE<=(na2 and B(2))or((A(2)xnor B(2))and(na1 and B(1)))
        or((A(2)xnor B(2))and(A(1)xnor B(1))and(na0 and B(0)));
    na2<=not A(2); na1<=not A(1); na0<=not A(0);
    nb2<=not B(2); nb1<=not B(1); nb0<=not B(0);
END dataflow1;

ARCHITECTURE dataflow2 of ucomp3 is
signal x1,x2,x3,x4,x5,x6,x7,x8,x9 : std_logic :='0';
BEGIN
    x1<=not(A(2)xor B(2));
    x2<=not(A(1)xor B(1));
    x3<=not(A(0)xor B(0));
    x4<=(not A(2))and B(2);
    x5<=(not A(1))and B(1);
    x6<=(not A(0))and B(0);
    x7<=A(2)and(not B(2));
    x8<=A(1)and(not B(1));
    x9<=A(0)and(not B(0));
    EQ<=x1 and x2 and x3;
    LE<=x4 or(x1 and x5)or(x1 and x2 and x6);
    GR<=x7 or(x1 and x8)or(x1 and x2 and x9);
END dataflow2;
```

7.2 条件信号赋值语句

WHEN 语句是最简单的条件语句,WHEN 语句的语法如下:

```
signal_name<=value1 WHEN condition1 ELSE
            value2 WHEN condition2 ELSE
```

```
            ...
            valueN;
```

其中,signal_name<= value1 表示满足 condition1 时,将 value1 赋值给 signal_name, value2 表示满足 condition2 所要赋的值,valueN 是所有条件都不满足时赋的值。

例 7.5 4-1 选择器的条件信号赋值语句实现。

代码如下:

```
LIBRARY IEEE;
USE IEEE.STD_LOGIC_1164.ALL;

ENTITY mysel41 IS
PORT(W0,W1,W2,W3,S0,S1: in std_logic;
     F: out std_logic);
END mysel41;

ARCHITECTURE behave_when OF mysel41 is
SIGNAL s : std_logic_vector(1 downto 0);
BEGIN
F<=W0 WHEN s="00" ELSE
   W1 WHEN s="01" ELSE
   W2 WHEN s="10" ELSE
   W3 WHEN s="11" ELSE
   'Z';
s=S1 & S0;               --将 S1、S0 并为一个线宽为 2 的信号
END behave_when;
```

需要说明的是,WHEN 语句具有天然的优先级,这是因为当 condition1 满足时,无论后面的条件是否满足,都不再判断后面的条件,只有在 condition1 不满足的条件下,才会判断 condition2。若 condition2 满足,则不再判断后面的条件。以此类推,条件越接近赋值符号,优先级越高。

例 7.6 使用条件信号赋值语句实现 2-4 译码器。

对于 2-4 译码器,从真值表中可见 EN 优先级最高,只要 EN='0',则不论输入 A0、A1 为任何值结构输出皆是'0'。只有在 EN='1'的条件下,才可以正常译码。因此,2-4 译码器使用条件信号赋值语句的 VHDL 可写为

```
LIBRARY IEEE;
USE IEEE.STD_LOGIC_1164.ALL;

ENTITY dec24 IS
PORT(EN,A1,A0 : in  std_logic;
     Y0,Y1,Y2,Y3 : out std_logic);
END dec24;
```

```
ARCHITECTURE behave_when OF dec24 IS
signal A10 : std_logic_vector(1 downto 0);
signal Y   : std_logic_vector(3 downto 0);
BEGIN
  Y0<=Y(0);Y1<=Y(1);Y2<=Y(2);Y3<=Y(3);
  Y<="0000" WHEN EN='0' ELSE
     "0001" WHEN A10="00" ELSE
     "0010" WHEN A10="01" ELSE
     "0100" WHEN A10="10" ELSE
     "1000";
  A10<=A1 & A0;
END behave_when;
```

上述程序将 EN='0'的优先级定得最高,当然,编程时也可将 EN、A1、A 合并起来进行条件判断,如下列程序:

```
ARCHITECTURE behave_when OF dec24 IS
signal ena : std_logic_vector(2 downto 0);
signal Y   : std_logic_vector(3 downto 0);
BEGIN
  Y0<=Y(0);Y1<=Y(1);Y2<=Y(2);Y3<=Y(3);
  Y<="0001" WHEN ena="100" ELSE
     "0010" WHEN ena="101" ELSE
     "0100" WHEN ena="110" ELSE
     "1000" WHEN ena="111" ELSE
     "0000";
  ena<=EN & A1 & A0;
END behave_when;
```

例 7.7 1-4 分路器的条件信号赋值语句实现。

对于图 7.5 所示的 1-4 分路器,可将输入控制信号 C1、C0 合并起来,将输出信号 Y0、Y1、Y2、Y3 合并起来,利用条件信号赋值语句实现,程序如下:

```
LIBRARY IEEE;
USE IEEE.STD_LOGIC_1164.ALL;

ENTITY div14 IS
PORT(D,C1,C0 : in  std_logic;
     Y0,Y1,Y2,Y3 : out std_logic);
END div14;

ARCHITECTURE behave OF div14 IS
signal C: std_logic_vector(1 downto 0);
signal Y: std_logic_vector(3 downto 0);
BEGIN
  Y<="000"&D WHEN C="00" ELSE
     "00"&D&'0' WHEN C="01" ELSE
     '0'&D&"00" WHEN C="10" ELSE
     D&"000";
```

```
  Y0<=Y(0);   Y1<=Y(1);   Y2<=Y(2);   Y3<=Y(3);
  C<=C1 & C0;
END behave;
```

例 7.8 3 位比较器的条件信号赋值语句。

条件信号赋值语句是实现比较器的最方便描述方式,根据图 7.6,使用条件信号赋值语句实现 3 位比较器的 VHDL 程序如下:

```
LIBRARY IEEE;
USE IEEE.STD_LOGIC_1164.ALL;
USE IEEE.STD_LOGIC_UNSIGNED.ALL;

ENTITY ucomp3 IS
PORT(A, B : in  std_logic_vector(2 downto 0);
     EQ,GR,LE : out std_logic);
END ucomp3;

ARCHITECTURE behave_when OF ucomp3 IS
BEGIN
  EQ<='1' WHEN A=B ELSE '0';
  GR<='1' WHEN A>B ELSE '0';
  LE<='1' WHEN A<B ELSE '0';
END behave_when;
```

注意:这里使用了 STD_LOGIC_UNSIGNED 包,仿真结果如图 7.7 所示。在该图中通过数据对比可见满足设计要求。

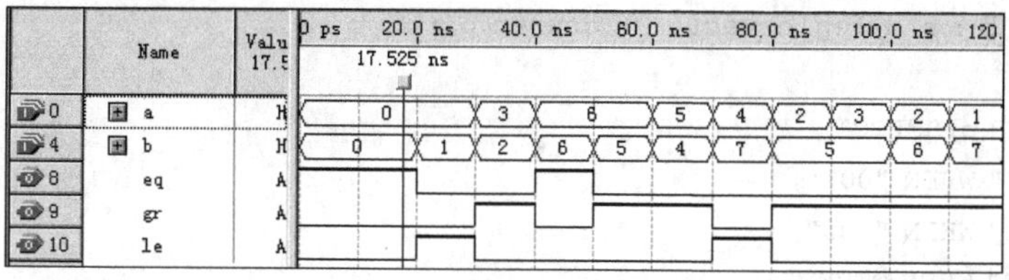

图 7.7 无符号数的比较结果

但若使用 STD_LOGIC_SIGNED 包,则会出现不同的结果,如图 7.8 所示。从该图中可见,不满足无符号数相对比的需求。因此,在实际程序设计中,若使用关系表达式时,需要考虑有符号数和无符号数两种情况,根据实际选择正确的程序包。

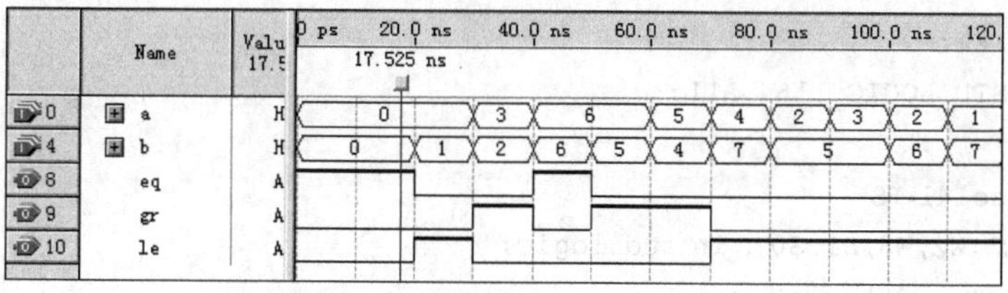

图 7.8 有符号数的比较结果

7.3 选择信号赋值语句

选择信号赋值语句是另外一种并行信号赋值语句，其语法规则如下：

```
WITH expression SELECT
signal_name<=value1 WHEN exp_value1,
             value2 WHEN exp_value2,
             ...
             valueN WHEN OTHERS;
```

其中，expression 是识别符，一般是信号或表达式。赋值之间使用逗号隔开，最后要以 WHEN OTHERS 结束。上面语法的意思是，当 express＝exp_value1 时，value1 赋值给 signal_name；当 expression＝exp_value2 时，value2 赋值给 signal_name，等等，直到 exp_value 中不含有 expression 的值时，用 OTHERS 代替未列举出的值，将值 valueN 赋值给 signal_name。例如：

```
SIGNAL control : INTEGER range 0 to 9;
...
WITH control SELECT
Y<="000" WHEN 0|1,
   "100" WHEN 2 TO 5,
   'Z--' WHEN OTHERS;

SIGNAL a, b : std_logic_vector(2 downto 0);
...
WITH(a AND b)SELECT
  Y<="00" WHEN "001",
     "11" WHEN "100",
     "ZZ" WHEN OTHERS;
```

从上面的例子可以看出，SELECT 语句允许出现多个值以替代多个条件，值与值之间使用"|"组合起来，或者使用 TO 规定某个范围。SELECT 语句需要说有的输入值或条件结果都需要遍历，因此关键字 OTHERS 在最后需要给出。

例 7.9 使用 SELECT 语句实现 4-1 选择器。

```
LIBRARY IEEE;
USE IEEE.STD_LOGIC_1164.ALL;

ENTITY mysel41 IS
PORT(W0,W1,W2,W3,S1,S0 : in std_logic;
     F: out std_logic);
END mysel41;

ARCHITECTURE behave_select OF mysel41 IS
```

```vhdl
SIGNAL S : std_logic_vector(1 DOWNTO 0);
BEGIN
S<=S1&S0;
WITH S SELECT
   F<=W0 WHEN "00",
      W1 WHEN "01",
      W2 WHEN "10",
      W3 WHEN "11",
      'Z' WHEN OTHERS;
END behave_select;
```

例7.10 使用选择信号赋值语句实现2-4译码器。

```vhdl
LIBRARY IEEE;
USE IEEE.STD_LOGIC_1164.ALL;

ENTITY dec24 IS
PORT(EN,A1,A0 : in  std_logic;
    Y0,Y1,Y2,Y3 : out std_logic);
END dec24;

ARCHITECTURE behave OF dec24 IS
signal ena : std_logic_vector(2 downto 0);
signal  Y : std_logic_vector(3 downto 0);
BEGIN
  Y0<=Y(0);Y1<=Y(1);Y2<=Y(2);Y3<=Y(3);
  WITH ena SELECT
  Y<="0001" WHEN "100",
     "0010" WHEN "101",
     "0100" WHEN "110",
     "1000" WHEN "111",
     "0000" WHEN OTHERS;
  ena<=EN & A1 & A0;
```

例7.11 利用选择信号赋值语句实现1-4分路器。

```vhdl
LIBRARY IEEE;
USE IEEE.STD_LOGIC_1164.ALL;

ENTITY div14 IS
PORT(D,C1,C0 : in  std_logic;
    Y0,Y1,Y2,Y3 : out std_logic);
END div14;

ARCHITECTURE behave_sel OF div14 IS
signal Y : std_logic_vector(3 downto 0);
```

```
        signal C : std_logic_vector(1 downto 0);
BEGIN
    WITH C SELECT
        Y<="000"&D        WHEN "00",
           "00"&D&'0'     WHEN "01",
           '0'&D&"00"     WHEN "10",
           D&"000"        WHEN OTHERS;
        Y0<=Y(0);Y1<=Y(1);Y2<=Y(2);Y3<=Y(3);
        C<=C1&C0;
END behave_sel;
```

例 7.12 使用选择信号赋值语句实现 3 位无符号数比较器。

由于选择信号赋值语句是在表达式取不同的值时对某信号的赋值,因此不推荐使用选择信号赋值语句实现含有比较功能的电路。这里仅给出使用选择信号赋值语句实现的 2 位无符号数比较器的实现方法。

```
LIBRARY IEEE;
USE IEEE.STD_LOGIC_1164.ALL;
USE IEEE.STD_LOGIC_UNSIGNED.ALL;

ENTITY my14 IS
PORT(A,B:in std_logic_vector(2 downto 0);
    EQ,GR,LE:out std_logic);
END my14;

ARCHITECTURE behave OF my14 IS
signal yd:std_logic_vector(3 downto 0);
signal le0,eq0:std_logic;
BEGIN
    yd<=('0'&A)-('0'&B);
    with yd(3) select
    le0<='1' when '1',
         '0' when others;
    with yd select
    eq0<='1' when "0000",
         '0' when others;
    with le0 or eq0 select
    gr<='0' when '1',
        '1' when others;
        le<=le0;eq<=eq0;
END behave;
```

选择信号赋值语句没有优先级问题,因此需要穷举所有可能的情况。对于有用情况,需要一一列举出来;对于无用的情况,需用 OTHERS 代替。但选择信号赋值语句也可以实现带有优先级的器件编程,只不过要麻烦一些。这里以 4-2 优先编码器来说明问题。

例 7.13 4-2 优先编码器。

4-2 优先编码器的输入输出引脚和真值表如图 7.9 所示。

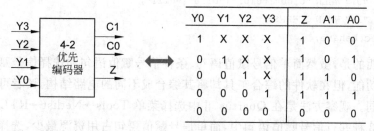

图 7.9 4-2 优先编码器及其真值表

这里 Y0='1'的优先级最高,即若 Y0='1',则不论后面的 Y1、Y2、Y3 输入为何值,其对应的输出 A1、A0 为'0'、'0'。只有在 Y0='0'的条件下,才能判断后面的输入值。若 Y1='1',则不论后面输入的 Y2、Y3 为何值,对应的 A1、A0 输出为'0'、'1',依次类推。只有在 4 个输入引脚中有高电平'1'存在时,译码有效,输出 Z='1';若输入引脚全为'0',则译码输出无效,Z='0'。

若使用条件信号赋值语句,则其 VHDL 代码可写为

```
LIBRARY IEEE;
USE IEEE.STD_LOGIC_1164.ALL;

ENTITY enc42 IS
PORT(Y : in std_logic_vector(3 downto 0);
     A: out std_logic_vector(1 downto 0);
     Z: out std_logic);
END enc42;

ARCHITECTURE condbehave OF enc42 IS
BEGIN
    Z<='0' WHEN Y="0000" ELSE '1';
    A<="00" WHEN Y(0)='1' ELSE
       "01" WHEN Y(1)='1' ELSE
       "10" WHEN Y(2)='1' ELSE
       "11";
END condbehave;
```

若使用选择信号赋值语句,则需要代码如下:

```
ARCHITECTURE selectbehave OF enc42 IS
BEGIN
    WITH Y SELECT
    Z<='0' WHEN Y="0000",
       '1' WHEN OTHERS;
    WITH Y SELECT
```

```
        A<="11" WHEN "0001",
            "10" WHEN "0010"|"0011",
            "01" WHEN "0100"|"0101"|"0110"|"0111",
            "11" WHEN OTHERS;
    END selectbehave;
```

需要说明的是,虽然简单信号赋值语句、条件信号赋值语句和选择信号赋值语句都能完成相同的功能,但在软件的综合工具却将其综合成不同的电路结构,读者可在软件中观察到这种不同。观察方法是在 Quartus Ⅱ 中选择菜单 Tools→Netlist→RTL Viewer。

在上述 3 种并行信号赋值语句中,简单信号赋值语句占用资源最少,选择信号赋值语句次之,而条件信号赋值语句最复杂,原因是它需要加入优先级判断电路。因此在设计时,需要根据不同的需求寻找最佳的模型设计方法。

7.4 产生语句

产生语句的关键字是 GENERATE,是一种并行语句,它用于循环操作,可以放置在顺序语句 IF 中,因此近似于 LOOP 和 IF 的组合。无条件 GENERATE(有时称为 FOR-GENERATE)用来在一段代码中创建多个实例。下面展示了一个简单的语法:

```
label: FOR identifier IN range GENERATE
[声明部分
BEGIN ]
    并行语句部分;
END GENERATE [label];
```

注意:标识符 label 是必需的,而且关键字 BEGIN 仅在声明部分存在时使用;identifier 为识别符。例如,声明 3 个信号 a、b 和 x 后,执行下列 3 个产生语句:

```
SIGNAL a,b,x : BIT_VECTOR(7 downto 0);

gen1: FOR n IN 0 TO 7 GENERATE
    x(n)<=a(n)XOR b(7-n);
END GENERATE;

gen2: FOR n IN a'RANGE GENERATE
    x(n)<=a(n)XOR b(7-n);
END GENERATE;

gen3: FOR n IN a'REVERSE_RANGE GENERATE
    x(n)<=a(n)XOR b(7-n);
END GENERATE;
```

上述 3 个 GENERATE 语句代码是等效的。在这 3 个语句中,标识符 label 分别是 gen1、gen2 和 gen3,识别符都是 n,范围是 0~7 或 7~0。

例 7.14 4 位全加器的设计。

为使用产生语句,将 4 位全加器的原理图写为如图 7.10 所示。

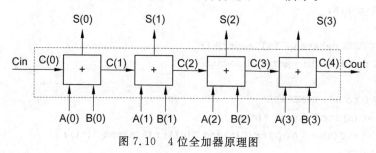

图 7.10 4 位全加器原理图

代码如下:

```
LIBRARY IEEE;
USE IEEE.STD_LOGIC_1164.ALL;

ENTITY fulladder4 IS
PORT(A,B : in std_logic_vector(3 downto 0);
     Cin : in std_logic;
     S   : out std_logic_vector(3 downto 0);
     Cout : out std_logic);
END fulladder4;

ARCHITECTURE behave OF fulladder4 IS
signal C: std_logic_vector(4 downto 0);
BEGIN
FOR n IN 0 to 3 GENERATE
  S(n)<=C(n)xor A(n)xor B(n);
  C(n+1)<=(C(n)and A(n))or(C(n)and B(n))or(A(n)and B(n));
END GENERATE;
C(0)<=Cin;
Cout<=C(4);
END behave;
```

使用产生语句的好处在于方便扩展。例如,将全加器扩展到 N 位时,稍微修改上面的代码即可实现,方便代码重用。

代码如下:

```
LIBRARY IEEE;
USE IEEE.STD_LOGIC_1164.ALL;

ENTITY fulladderN IS
GENERIC(M : integer :=4);
PORT(A,B : in std_logic_vector(N-1 downto 0);
     Cin : in std_logic;
```

```
        S : out std_logic_vector(N-1 downto 0);
        Cout : out std_logic);
END fulladderN;

ARCHITECTURE behave OF fulladderN IS
signal C: std_logic_vector(N downto 0);
BEGIN
FOR n IN 0 to N-1 GENERATE
   S(n)<=C(n)xor A(n)xor B(n);
   C(n+1)<=(C(n)and A(n))or(C(n)and B(n))or(A(n)and B(n));
END GENERATE;
C(0)<=Cin;
Cout<=C(N);
END behave;
```

例 7.15 多位数字比较器。

我们在讨论例 7.4 时发现,3 位比较器使用数据流模型表达时十分麻烦,若扩展到更高位数时,设计起来会更麻烦。我们思考一下比较器的原理,可使用如下循环迭代的方法获得数据流模型的 VHDL 程序。

(1) 将最低位 A(0)、B(0) 做对比,分别获得 EQ(0)、GR(0) 和 LE(0)。

(2) 获得 A($n-1$...0)、B($n-1$...0) 的对比结果,获得 EQ($n-1$)、GR($n-1$) 和 LE($n-1$),$n>1$。

(3) 将 A(n) 和 B(n) 做对比,获得 EQ0($n-1$)、EGR0($n-1$) 和 LE0($n-1$)。

(4) 将 EQ0($n-1$)、EGR0($n-1$)、LE0($n-1$)、EQ($n-1$)、GR($n-1$) 和 LE($n-1$) 组合起来,获得 EQ(n)、GR(n) 和 LE(n)。

这里用到的 1 位比较器原理图如图 7.11(a) 所示,输出结果的递推过程如图 7.11(b) 所示。

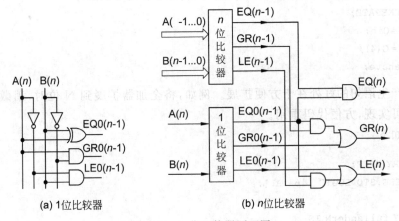

(a) 1 位比较器   (b) n 位比较器

图 7.11　n 位比较器原理图

实现该原理图的 VHDL 程序如下:

```
LIBRARY IEEE;
USE IEEE.STD_LOGIC_1164.ALL;

ENTITY ucomp_n IS
GENERIC(N: integer :=3);
PORT(A,B : in std_logic_vector(N-1 downto 0);
        EQN,GRN,LEN : out std_logic);
END ucomp_n;

ARCHITECTURE behave OF ucomp_n IS
signal EQ, GR, LE : std_logic_vector(N-1 downto 0);
signal EQ0,GR0,LE0 : std_logic_vector(N-1 downto 0);
BEGIN
  EQN<=EQ(N-1);
  GRN<=GR(N-1);
  LEN<=LE(N-1);
  EQ(0)<=A(0)xnor B(0);
  GR(0)<=A(0)and(not B(0));
  LE(0)<=(not A(0))and B(0);
  gen1 : FOR k IN 1 to N-1 GENERATE
    EQ0(k-1)<=A(k)xnor B(k);
    GR0(k-1)<=A(k)and(not B(k));
    LE0(k-1)<=(not A(k))and B(k);
    EQ(k)<=EQ0(k-1)and EQ(k-1);
    GR(k)<=GR0(k-1)or(EQ0(k-1)and GR(n-1));
    LE(k)<=LE0(k-1)or(EQ0(k-1)and LE(k-1));
  END GENERATE;
END behave;
```

7.5 块语句

块语句的关键字是 BLOCK。VHDL 中有两种 BLOCK：分别为 simple BLOCK 和 guarded BLOCK。Simple BLOCK 仅仅是对原有代码进行区域分割，增强整个代码的可读性和可维护性。Simple BLOCK 的声明语法如下：

```
label:BLOCK
      [声明部分]
BEGIN
      (并行语句)
END BLOCK label;
```

其中，label 是标识符，是必需的。BLOCK 表示声明一个 BLOCK，以 BEGIN 开始，以 END BLOCK label 结束。一般用在 Architecture 中的比较多，它把 Architecture 中的设计分几个块，方便阅读、调试等。在 Architecture 中的典型用法如下：

```
ARCHITETURE example…
BEGIN
    …
    block1: BLOCK
    BEGIN
        …
    END BLOCK block1;
    …
    block2: BLOCK
    BEGIN
        …
END BLOCK block2;
…
END example;
```

当然也可局部声明信号，例如：

```
b1: BLOCK
    SIGNAL a: STD_LOGIC;
BEGIN
    a<=input_sig WHEN ena='1' ELSE 'z';
END BLOCK b1;
```

Guarded BLOCK 与 simple BLOCK 相比多了一个卫式表达式，只有当卫式表达式为真时才能执行。Guarded BLOCK 的声明语法如下：

```
Label: BLOCK(卫式表达式)
        [声明部分]
BEGIN
        (卫式语句和其他并发描述语句)
END BLOCK label;
```

无论是 simple BLOCK 还是 guarded BLOCK，其内部都可以嵌套其他的 BLOCK 语句，相应的语法结构如下：

```
label1: BLOCK
        [顶层 BLOCK 声明部分]
BEGIN
        [顶层 BLOCK 并发描述部分]
    label2: BLOCK
            [嵌套 BLOCK 声明部分]
    BEGIN
            [嵌套 BLOCK 并发描述部分]
    END BLOCK label2;
    [顶层 BLOCK 其他并发描述语句]
END BLOCK label1;
```

7.6 多驱动源赋值问题

使用并行语句必须避免多驱动源赋值问题。所谓多驱动源赋值，是指对同一个节点有多个源对它进行赋值。这在电气上是不允许的，由于对同一个节点同时赋值，容易引起短路现象。例如：

```
SIGNAL A,B,C : BIT;
...
A<=B and C;
A<=B or C;
```

若 B 和 C 同时为'0'，则 A＝'0'，但若 B 和 C 中有一个为'1'，另一个为'0'，则第一个赋值为'1'，第二个赋值为'0'。这在 C/C++、MATLAB 程序中是允许的，因为这些语言是顺序语句。但在 VHDL 中，这两个赋值是同时发生的，因此在实际电路中会将'1'和'0'短接，形成电源和地短路现象。

例如 4-1 选择器问题，典型的多驱动源赋值程序如下：

```
ARCHITECTURE behave OF mul41 IS
BEGIN
F<=W0 WHEN S1='0' AND S0='0' ELSE 0;
F<=W1 WHEN S1='0' AND S0='1' ELSE 0;
F<=W2 WHEN S1='1' AND S0='0' ELSE 0;
F<=W3 WHEN S1='1' AND S0='1' ELSE 0;
END behave;
```

对上述程序的分析如下：若输入满足 S1='0'且 S0='0'，则将 F 和 W0 短接；但此时不满足后面的挑选信号赋值语句中的条件，因此 F 短接到'0'，由于这些语句之间是并行的，因此就意味着将 W0 和'0'短接，形成电路设计上的错误。正确的编程方法如下：

```
ARCHITECTURE behave OF mul41 IS
BEGIN
F<=W0 WHEN S1='0' AND S0='0' ELSE
   W1 WHEN S1='0' AND S0='1' ELSE
   W2 WHEN S1='1' AND S0='0' ELSE
   W3;
END behave;
```

使用 GENERATE 语句也容易造成对信号的多驱动源赋值。例如下列语句：

```
SIGNAL a,b,x,y : BIT_VECTOR(3 downto 0);
SIGNAL z: INTEGER RANGE 0 to 7;

OK: FOR n IN x'RANGE GENERATE
x(n)<='1' when(a(n)AND b(n))=  1' ELSE 0;
```

```
END GENERATE;

NOK1: FOR n IN y'LOW to y'HIGH GENERATE
  y<="1111" WHEN(a(n)AND b(n))='1' ELSE "0000";
END GENERATE;

NOK2: FOR n IN 0 TO 3 GENERATE
  z<=z+1 WHEN a(n)='1';
END GENERATE;
```

上述 GENERATE 语句中,只有第一个标签为 OK 的语句是正确的,而第二个和第三个标签分别为 NOK1 和 NOK2 的语句是不正确的,因为它们对信号做了多次赋值。注意,GENERATE 内部的语句都是并行执行的。例如,OK2 可以写为

```
z<=z+1 WHEN a(0)='1';
z<=z+1 WHEN a(1)='2';
z<=z+1 WHEN a(2)='1';
z<=z+1 WHEN a(3)='2';
```

这实际上就造成了对 z 的多次赋值,形成了多驱动源问题。

思 考 题

1. 使用简单信号赋值语句、条件信号赋值语句、选择信号赋值语句实现 3-8 译码器,并分别观察其 RTL 图形。

2. 设计一简单计算器,它有两个 1 位控制输入 C1、C0,有两个 4 位输入 D1 和 D0,一个 4 位输出 Y。
当 C1C0="00"时,Y 为 D1、D0 的无进位加法结果。
当 C1C0="01"时,Y 为无借位减法结果。
当 C1C0="10"时,Y 为按位逻辑或。
当 C1C0="11"时,Y 为按位逻辑与。

3. 什么是多驱动源问题?如何避免?

第 8 章 顺序语句

数字逻辑电路分为组合逻辑电路和时序逻辑电路,组合逻辑电路由一些基本逻辑门组合而成,没有记忆功能,在 VHDL 中通常使用并行信号赋值语句实现。时序逻辑电路有记忆功能,它是在某信号发生改变的条件下执行某些相应的动作,因此在时间上是有顺序的。实现时序逻辑的语句在 VHDL 中称为顺序语句。

顺序语句常用的有 4 种,分别是条件(IF)、选择(CASE)、循环(LOOP)和等待(WAIT)。它们只能放在顺序代码之内。在 VHDL 中,有 3 种顺序语句代码,分别为进程(Process)、函数(Function)和过程(Procedure)。前者受敏感表中的信号变化触发运行,后两种称为子程序,只能在程序中调用时执行。本章将在进程中详细介绍顺序语句,而顺序语句的基本单元是锁存器和触发器,因此本章先从锁存器和触发器讲起,进而讲解顺序语句中的锁存和触发单元。需要注意的是,进程和子程序调用本身作为一个整体也是一个并行语句。

8.1 锁存器和触发器

触发器是时序电路中的关键组件,本节将简要介绍触发器的原理,另外,由于锁存器在有些系统中也是很常见的,这里也做附带介绍。

通常有两种类型的锁存器,即 SR 锁存器和 D 锁存器;有 4 种类型的触发器,即 SR 触发器、D 触发器、T 触发器和 JK 触发器。D 锁存器和 D 触发器用途广泛,尤其是 D 触发器用途更广。在 FPGA 器件中就有成千上万个 D 触发器。

触发器和锁存器之间的主要区别在于,锁存器对于电平敏感,而触发器对于边缘敏感。也就是说,在时钟信号为'1'或'0'的整个有效时间内,锁存器是透明的,即它将输入信号直接复制到输出端。在时钟信号为'0'或'1'的整个无效时间之内,锁存器是高阻态。而触发器则是在时钟状态发生迁移时,输入输出之间是透明的。所谓状态的迁移时刻是指时钟的上升沿和下降沿。

图 8.1(a)和图 8.1(b)表示了两种数据锁存器符号。第一个是 CLK 为高电平时有效,电路处于透明状态,第二个是 CLK 为低电平时有效。这两个 D 锁存器都有一个复位输入端,当复位端有效时,输出立即为 0。

图 8.2(a)~图 8.2(d)表示了 4 个 D 触发器符号。其中,图 8.2(a)表示上升沿有效,图 8.2(b)表示下降沿有效,这两个电路都由复位输入 Reset(这里复位表示异步复位,当 Reset='0'时,输出立即置零,无视时钟信号)。图 8.2(c)和图 8.2(d)与图 8.2(a)和图 8.2(b)功能相似,只不过使用清零信号 CLR 代替了复位信号 Reset(这里清零是同步的,表示在时钟信号发生改变时生效,输出清零)。

图 8.3 展示了 D 锁存器和 D 触发器的功能分析过程。这里使用相同的时钟 CLK 和

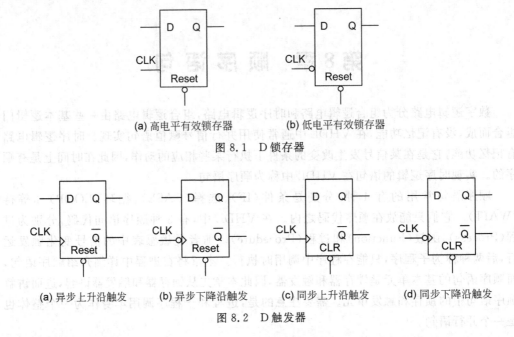

(a) 高电平有效锁存器　　　(b) 低电平有效锁存器

图 8.1　D 锁存器

(a) 异步上升沿触发　(b) 异步下降沿触发　(c) 同步上升沿触发　(d) 同步下降沿触发

图 8.2　D 触发器

相同的输入 D，D 锁存器的输出为 Q3/DL，同步清零 D 触发器的输出为 Q1/SDFF，异步复位 D 触发器的输出为 Q2/ADFF。可见 Q1/SDFF 和 Q2/ADFF 在时钟上升沿 Reset/CLR 失效时有相同的波形，但在 Reset/CLR 有效时，Q2/ADFF 是立即复位，而 Q1/SDFF 是要等到 CLK 上升沿到达后才清零。对于 D 锁存器，只要 CLK 为高电平，其输出就为输入信号的值，不必等到时钟的上升沿到达，因此在第三个脉冲时，Reset/CLR 失效后，Q3/DL 输出是与 D 一致的高电平。

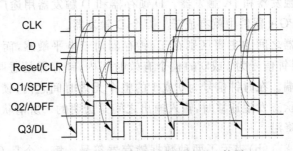

图 8.3　D 触发器和锁存器波形比较图

这里需要区分触发器、锁存器和寄存器的差别。正如前面所分析的那样，锁存器是电平触发的存储单元，数据存储的动作取决于输入时钟（或者使能）信号的电平值，当锁存器处于使能状态时，输出才会随着数据输入发生变化。触发器是边沿敏感的存储单元，数据存储的动作与某一信号的上升或者下降沿进行同步。触发器是在时钟的沿进行数据锁存的，而锁存器是用电平使能来锁存数据，所以触发器的 Q 输出端在每一个时钟沿都会被更新，而锁存器只能在使能电平有效器件才会被更新。在 FPGA 设计中应该尽量使用触发器而不是锁存器。

寄存器用来存放数据的一些小型存储区域,用来暂时存放参与运算的数据和运算结果。其实寄存器就是一种常用的时序逻辑电路,但这种时序逻辑电路只包含存储电路。寄存器的存储电路是由锁存器或触发器构成的,因为一个锁存器或触发器能存储1位二进制数,所以由 N 个锁存器或触发器可以构成 N 位寄存器。

8.2 进程

进程描述顺序活动,在 VHDL 中非常重要。有些逻辑关系使用组合逻辑或者数据流(逻辑函数表达式)很难表达,因此从行为上描述电路可以快速有效地实现电路功能。进程是 VHDL 代码中的顺序执行部分,位于结构内部。

进程分为显式进程和隐式进程两种类型。显式进程就是顺序语句的描述部分,必须使用关键字 Process 进行进程声明;而隐式进程则是并行信号赋值语句,这些语句不需要加 Process 关键字声明。显式进程整体作为一个并行语句与并行信号赋值语句同时执行。

在进程内部使用顺序语句,语法如下:

```
[Label:] PROCESS(sensitivity list)
[声明部分]
BEGIN
   顺序语句;
END PROCESS [Label];
```

其中,Label 是本进程的标签,用于增强程序的可读性,该标签在写程序时是可选的;PROCESS 是声明进程的关键字,本书后面为了易于理解,使用 Process 表示进程;sensitivity list 为敏感表,用于表示当敏感表中的任何信号发生变化时该 Process 都将执行。当 Process 中没有 WAIT 语句时,敏感表是必需的;但当 Process 内部有 WAIT 语句时,敏感表则是禁用的。

Process 的声明部分包括子程序声明、子程序体、类型声明、子类型声明、常数声明、变量声明、文件声明、别名声明、属性声明、属性描述、use 语句、组模板声明、组声明。注意,在 Process 的声明部分中,不允许信号的声明。而在上述众多的声明之中,变量声明是最常见的。在 Process 内部,只允许使用顺序语句。

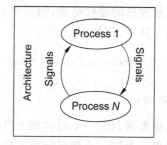

图 8.4 多个进程在架构内是并行的关系

图 8.4 表示了一个 Architecture 内部多进程之间的关系。在一个 Architecture 中,可以有多个进程,每个进程之间并行执行,进程间通过信号进行通信交互,每个进程内部是顺序语句,也就是说进程内部是顺序执行的。需要指明的是,为了避免多驱动源问题,不能在两个或两个以上的进程中对同一个信号赋值。

8.3 IF 语句

在 VHDL 程序中，IF 语句是最常用的语句。IF 语句的语法如下：

```
[LABEL:] IF conditions THEN
    赋值语句；
ELSIF conditions THEN
    赋值语句；
    ...
ELSE
    赋值语句；
END IF [LABEL];
```

其中，LABEL 是该 IF 语句的标签，标签是可选的。IF 是关键字，conditions 是条件。在该语法中存在 ELSIF 和 ELSE 之类的关键字，说明它具有优先级。虽然使用 IF 语句会产生优先级问题，但综合器会简化这些结构。若考虑对单个信号赋值，IF 语句与并行信号赋值语句中的条件信号赋值语句功能相同，但对于多信号赋值时，使用条件信号赋值语句则实现起来很复杂。通常使用 IF 语句有以下几种形式。

8.3.1 IF…THEN…END IF

该形式为一个不完整的条件判断语句(内部缺少了 else 语句)，其基本语法如下：

```
IF conditions THEN
    顺序语句；
END IF;
```

语句的意义为：当 IF 后面接的条件成立时，则执行下面的顺序语句，直到 END IF 为止，如果条件不成立，则从 END IF 指令往下执行。上述指令通常是用来描述具有记忆元件或触发器的硬件电路，但会产生潜在的锁存器。这种方式下通常用于判断信号的上升沿或下降沿，例如：

```
IF CLK'event and CLK='1' Then
    Q<=D;
END IF;
```

这里要重点讲一下时钟的上升和下降沿问题。在一个 Process 中不允许出现两个时钟沿触发。对同一个信号赋值的语句应出现在单个 Process 内，不能在时钟沿之后加上 ELSIF、ELSE 语句，现有的综合工具支持不了这种特殊的触发器结构。另外，下列语句是不能综合的：

```
IF CLK'event and CLK='1' and Reset='1' THEN
    Q<=D;
```

```
    END IF;
```
应写为

```
IF CLK'event and CLK='1' THEN
    IF Reset='1' THEN
        Q<=D;
    END IF;
END IF;
```

8.3.2　IF…THEN…ELSE…END IF

该形式为一个完整的条件判断语句，其基本的语法如下：

```
IF conditions THEN
    顺序语句(TRUE);
ELSE
    顺序语句(FALSE);
END IF;
```

其代表的意义为，当 IF 后面的条件成立时，则执行 THEN 后面的顺序语句(TRUE)直到 ELSE 出现，当 IF 后面的条件不成立时，则执行 ELSE 后面的顺序语句(FALSE)直到 END IF 出现才结束。上述指令通常是用来描述没有记忆元件的组合电路、选择器和比较器等。这里 conditions 通常是控制信号满足某些条件时执行二选一，如 2-1 选择器、1-2 分路器等。

8.3.3　IF…THEN…ELSIF…THEN…END IF

该形式为一个不完整的条件判断语句(因其内部缺少了 ELSE 语句)，其基本的语法如下：

```
IF condition1 THEN
    顺序语句组合 1;
ELSIF condition2 THEN
    顺序语句组合 2;
    …
END IF;
```

其代表的意义为，当 IF 后面的条件成立时，则执行顺序语句组合 1 的动作，否则再判断当 ELSIF 后面的条件成立时，则执行顺序语句组合 2，……，依次往下判断执行，直到条件成立或遇到 END IF 才结束。由于本指令是一个不完整的语句，因此其合成的硬件电路通常都会含有记忆元件。该指令通常用在异步复位触发电路中。

例 8.1　异步复位 D 触发器。

异步复位 D 触发器输入有时钟 CLK，上升沿有效；异步复位信号 Reset，低电平有效；数据输入 D。输出为 Q 和 nQ。程序如下。

```
LIBRARY IEEE;
USE IEEE.STD_LOGIC_1164.ALL;

ENTITY asyn_dff IS
PORT(CLK,Reset,D : in std_logic;
     Q, nQ   : out std_logic);
END asyn_dff;

ARCHITECTURE behave OF asyn_dff IS
signal tmpq : std_logic;
BEGIN
  PROCESS(CLK,Reset)
  BEGIN
    IF Reset='1' THEN
      tmpq<='0';
    ELSIF CLK'event and CLK='1' THEN
      tmpq<=D;
    END IF;
  END PROCESS;
  Q<=tmpq;
  nQ<=not tmpq;
END behave;
```

8.3.4 IF…THEN…ELSIF…THEN…ELSE…END IF

该形式为一个架构完整的条件判断指令（因其内部包含了 ELSE 语句），其基本的语法如下：

```
IF condition1 THEN
    顺序语句组合 1；
ELSIF condition2 THEN
    顺序语句组合 2；
ELSE
    顺序语句组合 3；
END IF;
```

其代表的意义为：当 IF 后面的条件 condition1 成立时，则执行 THEN 后面的顺序语句组合 1，否则再判断当 ELSIF 后面的条件 condition2 成立时，则执行顺序语句组合 2，……，依次往下判断执行，当上述所有判断的条件皆不成立时，则执行 ELSE 后面的顺序语句组合，一直遇到 END IF 才结束。本指令在架构上是一个完整性的语句（其最后一个指令包含 ELSE 语句),因此其合成的硬件电路通常皆为组合电路。该语句通常用于实现多路比较器、选择器、译码器、解码器等。

例 8.2　4-1 选择器。

根据图 7.1,4-1 选择器使用 IF 语句的 VHDL 程序如下:

```
LIBRARY IEEE;
USE IEEE.STD_LOGIC_1164.ALL;

ENTITY mysel41 IS
PORT(S1,S0,W0,W1,W2,W3 : in  std_logic;
        F : out std_logic);
END ENTITY;

ARCHITECTURE behaveif OF mysel41 IS
signal S : std_logic_vector(1 downto 0);
BEGIN
   PROCESS(S,W0,W1,W2,W3)
   BEGIN
     IF S="00" THEN
        F<=W0;
     ELSIF S="01" THEN
        F<=W1;
     ELSIF S="01" THEN
       F<=W2;
     ELSE
       F<=W4;
     END IF;
   END PROCESS;
   S<=S0&S0;
END behaveif;
```

例 8.3　2-4 译码器。

根据图 7.4,2-4 译码器使用 IF 语句的 VHDL 程序如下:

```
LIBRARY IEEE;
USE IEEE.STD_LOGIC_1164.ALL;

ENTITY dec24 IS
PORT(EN,A1,A0 : in  std_logic;
     Y0,Y1,Y2,Y3 : out std_logic);
END dec24;

ARCHITECTURE behaveif OF dec24 IS
signal ena : std_logic_vector(2 downto 0);
signal Y : std_logic_vector(3 downto 0);
```

```
    BEGIN
      PROCESS(ena)
      BEGIN
        IF ena="100" THEN
          Y<="0001";
        ELSIF ena="101" THEN
          Y<="0010";
        ELSIF ena="110" THEN
          Y<="0100";
        ELSIF ena="111" THEN
          Y<="1000";
        ELSE
          Y<="0000";
        END IF;
      END PROCESS;
      ena=en&a1&a0;
      Y0<=Y(0);Y1<=Y(1);Y2<=Y(2);Y3<=Y(3);
    END behaveif;
```

例 8.4 N 位无符号数比较器。

A 和 B 都是 N 位符号数作为比较器的输入,若两者相等,则 EQ='1',GR='0',LE='0';若 A>B,则 EQ='0',GR='1',LE='0';若 A<B,则 EQ='0',GR='0',LE='1'。程序如下:

```
LIBRARY IEEE;
USE IEEE.STD_LOGIC_1164.ALL;
USE IEEE.STD_LOGIC_UNSIGNED.ALL;

ENTITY ucompN IS
GENERIC(N:integer:=3);
PORT(A,B : in std_logic_vector(N-1 downto 0);
     EQ,GR,LE : out std_logic);
END ucompN;

ARCHITECTURE behaveif OF ucompN IS
BEGIN
    PROCESS(A,B)
    BEGIN
      IF A=B THEN
        EQ<='1';GR<='0';LE<='0';
      ELSIF A<B THEN
        LE<='1';EQ<='0';GR<='0';
      ELSE
        GR<='1';EQ<='0';LE<='0';
```

```
        END IF;
    END PROCESS;
END behaveif;
```

8.3.5 嵌套式 IF 语句

所谓的嵌套式 IF 语句,就是在条件指令 IF…THEN 内还可以拥有第 2 层、第 3 层等条件 IF 指令,至于说它所合成出来的硬件到底是组合电路还是时序电路,则必须看看它后面所接的语句是否具备完整性的语句 ELSE 来决定。这种语法通常用在同步电路或高优先级控制电路(如带有使能端的电路)中,例如,同步 D 触发器、带有使能端的 2-4 译码器、优先级编码器等。

例 8.5 同步 D 触发器。

同步 D 触发器输入为 D,输出为 Q、nQ、CLK 为时钟,上升沿有效;CLR 为同步清零端,CLR='0'时有效,代码如下:

```
LIBRARY IEEE;
USE IEEE.STD_LOGIC_1164.ALL;

ENTITY syn_dff IS
PORT(D, CLK, CLR : in std_logic;
        nQ, Q : out std_logic);
END ENTITY;

ARCHITECTURE behave OF syn_dff IS
signal tmpq : std_logic;
BEGIN
  PROCESS(CLK)                      --此处 CLR 不必列入敏感表
  BEGIN
    IF(CLK'event and CLK='1')   THEN
      IF(CLR='0')THEN               --同步清零
        tmpq<='0';
      ELSE
        tmpq<=D;
      END IF;                       --该 END IF 与同步清零相对应
    END IF;                         --该 END IF 与上升沿触发相对应
  END PROCESS;
  Q<=tmpq;
  nQ<=not tmpq;
END behave;
```

注意:在 IF…ELSE 语句中,可以使用 IF…ELSE 嵌套,但必须注意的是一个 IF 对应一个 END IF。

例 8.6 2-4 译码器另一种 IF 语句实现形式。

将 EN 置为最高优先级,则使用 IF 语句的 2-4 译码器 VHDL 程序如下:

```
LIBRARY IEEE;
USE IEEE.STD_LOGIC_1164.ALL;

ENTITY dec24 IS
PORT(A1,A0,EN : in std_logic;
         Y : out std_logic_vector(3 downto 0));
END dec24;

ARCHITECTURE behaveif OF dec24 IS
SIGNAL A : std_logic_vector(1 downto 0);
BEGIN
PROCESS(A,EN)
BEGIN
IF EN='0' THEN
Y<="0000";
ELSE
   IF A="00" THEN              --嵌套 IF
     Y<="0001";
   ELSIF A="01" THEN
     Y<="0010";
   ELSIF A="10" THEN
     Y<="0100";
   ELSE
     Y<="1000";
   END IF;                     --对应于嵌套 IF 语句
END IF;                        --对应于 EN='0'处的 IF 语句
END PROCESS;
A<=A1&A0;
END behaveif;
```

例 8.7 正弦波发生器。

在很多电子设计中,需要用到波形发生器,例如,最简单的正弦波形发生器。正弦波形发生器的频率和外部时钟的频率有关。通常使用 FPGA 产生的正弦波是位矢量,需要外接数字模拟转换器(DAC)获得相应的模拟信号。这里介绍一简单的正弦波发生器实现方法。

在一个周期内采集 30 个点,因此若时钟频率是 f0,则产生的正弦波频率最大为 f0/30。正弦波数据首先在 MATLAB 中生成,代码如下:

```
t=0:29; t=t*2*pi/30;
y=sin(t); y=round(y*127);
```

将产生的 y 值存入 VHDL 代码中的 ROM,即可实现正弦波发生器,VHDL 代码

如下:

```
LIBRARY IEEE;
USE IEEE.STD_LOGIC_1164.ALL;
USE IEEE.NUMERIC_STD.ALL;

ENTITY sinewave IS
PORT(clk :in std_logic;
     dataout : out integer range -128 to 127);
END sinewave;

ARCHITECTURE generator OF sinewave IS
signal i : integer range 0 to 30:=0;
type memory_type is array(0 to 29)of integer range -128 to 127;
signal sine : memory_type :=(   0    26    52    75    94   110   121  126  126
   121   110    94    75    52    26     0   -26   -52   -75  -94  -110 -121 -126
   -126  -121  -110  -94   -75   -52   -26);
BEGIN
  PROCESS(clk)
  BEGIN
    IF(rising_edge(clk))   THEN
       dataout<=sine(i);
       i<=i+1;
       IF(i=29)THEN
          i<=0;
       END IF;
    END IF;
  END PROCESS;
END generator;
```

例 8.8 异步复位 0-9 循环计数器。

该电路的输入为一个时钟脉冲 CLK 和异步复位信号 Reset。每段 CLK 上升沿到达时计数器加 1,直到 9,下一个上升沿到达后计数结果为 0,然后再周而复始地计数下去。Reset 高电平时正常计数,当 Reset 为低电平时,计数从 0 开始。计数结果要接入一个 8 管 LED 进行显示,如图 8.5 所示。LED 数码管由 8 个发光二极管组成,分别标示为 a、b、c、d、e、f、g 和 dp。当这些发光二极管的输入引脚接高电平'1'时将发光,从而通过控制

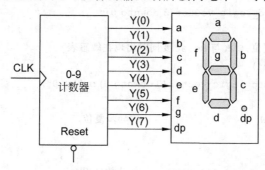

图 8.5 0-9 循环计数器及其外围 LED 数码管电路

LED 的输入引脚电平可以观察到 0~9 的显示结果,如表 8.1 所示。

表 8.1 LED 数码管引脚所接电平及其显示值

LED 中的发光二极管								十六进制表示	显示数值
dp	g	f	e	d	c	b	a		
0	0	1	1	1	1	1	1	3F	0
0	0	0	0	0	1	1	0	06	1
0	1	0	1	1	0	1	1	5B	2
0	1	0	0	1	1	1	1	4F	3
0	1	1	0	0	1	1	0	66	4
0	1	1	0	1	1	0	1	6D	5
0	1	1	1	1	1	0	1	7D	6
0	0	0	0	0	1	1	1	07	7
0	1	1	1	1	1	1	1	7F	8
0	1	1	0	1	1	1	1	6F	9

设计计数器时要分两个进程:一个进程用于计数,另一进程将计数结果转换为点亮 LED 管的编码。程序如下:

```vhdl
LIBRARY IEEE;
USE IEEE.STD_LOGIC_1164.ALL;
USE IEEE.STD_LOGIC_ARITH.ALL;
USE IEEE.STD_LOGIC_UNSIGNED.ALL;
ENTITY counter09 IS
PORT(CLK,Reset : in std_logic;
     Y: out std_logic_vector(7 downto 0));
END counter09;

ARCHITECTURE behave OF counter09 IS
--声明信号连接计数进程和显示进程
SIGNAL count : std_logic_vector(3 downto 0);
BEGIN
--计数进程,异步复位,CLK 与 Reset 要同时出现在敏感表
PROCESS(CLK,Reset)
variable temp : std_logic_vector(3 downto 0):="0000";
BEGIN
IF reset='0' THEN            --异步复位
   temp :="0000";
ELSE
   IF(CLK'event and CLK='1')THEN   --计数过程
      temp :=temp+1;
```

```
            IF(temp=10) THEN
                temp := 0;
            END IF;
        END IF;
    END IF;
    count<=temp;                    --将计数结果传递给信号 count
END PROCESS;
--点亮 LED 数码管进程使用隐式进程选择信号语句
WITH count SELECT
Y<=X"3F" WHEN "0000",
    X"06" WHEN "0001",
    X"5B" WHEN "0010",
    X"4F" WHEN "0011",
    X"66" WHEN "0100",
    X"6D" WHEN "0101",
    X"7D" WHEN "0110",
    X"07" WHEN "0111",
    X"7F" WHEN "1000",
    X"6F" WHEN "1001",
    X"3F" WHEN OTHERS;
END behave;
```

例 8.9 N 位移位寄存器。

图 8.6 表示了 4 位移位寄存器的原理图,它是由一串 D 触发器首尾相连组成。输入为 Din,输出为 Dout 或者 Q0、Q1、Q2、Q3。采用何种输出取决于具体应用。例如,采用 Dout 作为输出时,用于实现延时,采用 Q0、Q1、Q2、Q3 作为输出时,可实现串并转换。具体转换的阶数 N 可使用类属 GENERIC 声明。

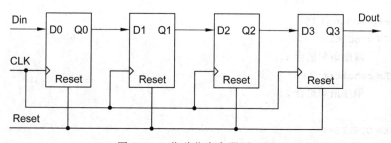

图 8.6　4 位移位寄存器原理图

代码如下:
```
LIBRARY IEEE;
USE IEEE.STD_LOGIC_1164.ALL;
ENTITY shiftreg IS
    GENERIC(N: integer :=4);        --定义移位寄存器的阶数
    PORT(Din, CLK, Reset : in std_logic;
         Dout : out std_logic;
```

```
        Qout : out std_logic_vector(0 to N-1));
END shiftreg;

ARCHITECTURE behave OF shiftreg IS
BEGIN
  PROCESS(clk, reset)
  variable Q: std_logic_vector(0 to N-1);
  BEGIN
    IF(reset='1')THEN
      Q:=(others=>'0');
    ELSIF(clk'event and clk='1')THEN
      Q:=din & Q(0 to N-2);
    END IF;
    Dout<=Q(N-1);    Qout<=Q;
  END PROCESS;
END ARCHITECTURE;
```

这里声明类属 N,数据类型为 integer,默认数据为 4,在 port 中声明输入端口为 Din,输出为 Dout,CLK 为时钟,Reset 为异步复位端,两者共同作为 Process 的敏感信号。由于移位寄存器在每个时钟的上升沿将向量 Q 右移一位,最右端的一位将被舍弃,最左端的使用 Din 代替,因此,在执行 Q:=Din & Q(0 to N−2)更新 Q 之后,新的 Q(N−1)被原来的 Q(N−2)代替,新的 Q(1)被 Din 代替,实现了移位功能。

8.4 CASE 语句

CASE 语句是选择性顺序语句,其语法如下:

```
CASE {expression} IS
    WHEN condition1=>
         顺序语句组合 1;
    WHEN condition2=>
         顺序语句组合 2;
    ...
    WHEN OTHERS=>
         顺序语句组合 N;
END CASE;
```

在上面的语句中,CASE、IS、WHEN 皆为保留字,不可以省略或更改。CASE 后面的 expression 为表达式,用来指定所要判断的对象,可以是某个算术运算表达式,也可以是信号或变量。WHEN 后面的 condition,表示表达式结果或信号、变量的取值范围,通常表示具体的值,也就是说当 CASE 后面所指定的 condition 符合 expression 时,其结果为真,因此其后面的顺序语句组合内容就会被执行;如果不符合此信号对象值时,其结果为假,因此其后面的顺序语句组合内容不会被执行,而且程序往下逐一判断执行。

当 WHEN 后面所指定的 condition 皆不符合 CASE 后面所给定的 expression 时,程序则往下执行 WHEN OTHERS 后面的顺序语句组合,直到 END CASE 才会停止。

需要指出的是,只要所指定的 condition 符合 expression,其所对应的顺序语句组合就会被执行,一旦该顺序语句组合被执行完毕后就立刻跳离整个 CASE 语句。

另外使用本指令时必须注意下面两个要点。

(1) 在 WHEN 后面所指定的 condition 不可以有重叠的现象。所选择 expression 的所有值,都必须涵盖在所有 WHEN 后面的语句中,若只挑出几种有用的情况,则其他情况可用 OTHERS 代替。CASE 语句的条件只被评估一次,没有优先级。

(2) 在 VHDL 语言中,接在 when 后面的语句可以为一个固定值,例如:

```
WHEN "101";
WHEN  5;
```

也可以为一个连续的区间,例如:

```
WHEN 5 to 9;
```

还可以为两个以上的语句(但必须以"|"隔开),例如:

```
WHEN "101"|"110";
WHEN  1 | 3 | 5;
WHEN  2 | 3 to 9 | 15;
```

CASE 语句与并行信号赋值语句中的选择信号赋值语句有类似的功能,只不过它比选择信号赋值语句更强大。原因是,选择信号赋值语句仅仅是当表达式的值为某个值时对指定信号赋值,而 CASE 语句在表达式的值为某个值时,可以执行不同的动作。

例 8.10 4-1 选择器的 CASE 语句实现。

这里使用 CASE 语句实现 4-1 选择器,程序如下:

```
LIBRARY IEEE;
USE IEEE.STD_LOGIC_1164.ALL;

ENTITY mul41 IS
PORT(X0,X1,X2,X3,S1,S0 : in std_logic;
                  Y : out std_logic);
END mul41;

ARCHITECTURE behavecase OF mul41 IS
SIGNAL S : std_logic_vector(1 downto 0);
BEGIN
PROCESS(X0,X1,X2,X3,X4,S)
BEGIN
CASE S IS
   WHEN "00"=>Y<=X0;
   WHEN "01"=>Y<=X1;
```

```
    WHEN "10"=>Y<=X2;
    WHEN OTHERS=>Y<=X3;
END CASE;
END PROCESS;
S<=S1&S0;
END behavecase;
```

例 8.11 2-4 译码器的 CASE 语句实现。

```
LIBRARY IEEE;
USE IEEE.STD_LOGIC_1164.ALL;

ENTITY dec24 IS
PORT(A1,A0,EN : in std_logic;
            Y : out std_logic_vector(3 downto 0));
END dec24;

ARCHITECTURE behavecase OF dec24 IS
SIGNAL AEN : std_logic_vector(2 downto 0);
BEGIN
PROCESS(A,EN)
BEGIN
CASE AEN IS
    WHEN "100"=>Y<="0001";
    WHEN "101"=>Y<="0010";
    WHEN "110"=>Y<="0100";
    WHEN "111"=>Y<="1000";
    WHEN OTHERS=>Y<="0000";
END CASE;
END PROCESS;
AEN<=EN& A1&A0;
END behavecase;
```

例 8.12 1-4 分路器的 CASE 语句实现。

根据图 7.5 所示的输入输出及其真值表，使用 CASE 语句实现 1-4 分路器的代码如下：

```
LIBRARY IEEE;
USE IEEE.STD_LOGIC_1164.ALL;

ENTITY div14 IS
PORT(D,C1,C0 : in std_logic;
     Y0,Y1,Y2,Y3 : out std_logic);
END div14;

ARCHITECTURE behavecase OF div14 IS
```

```
signal C : std_logic_vector(1 downto 0);
BEGIN
  PROCESS(C)
  BEGIN
    CASE C IS
      WHEN "00"=>Y0<='1';Y1<='0';Y2<='0';Y3<='0';
      WHEN "01"=>Y0<='0';Y1<='1';Y2<='0';Y3<='0';
      WHEN "10"=>Y0<='0';Y1<='0';Y2<='1';Y3<='0';
      WHEN OTHERS=>Y0<='0';Y1<='0';Y2<='0';Y3<='1';
    END CASE;
  END PROCESS;
  C<=C1&C0;
END behavecase;
```

8.5 WAIT 语句

前面所写的例程中，Process 语句后面通常必须要有敏感表，若敏感表中的信号发生变化，则激发该 Process。有时也可以不用敏感表，使用 WAIT 指令也可以实现敏感表的功能。在 VHDL 语言中，WAIT 是另外一种顺序语句，它有 3 种形式，其中两种可综合，一种可仿真。当使用 WAIT 语句时，进程 PROCESS 声明时不能使用敏感表，3 种 WAIT 语句的语法如下：

```
WAIT UNTIL condition;
WAIT ON sensitivity list;
WAIT FOR time expression;
```

首先看 WAIT UNTIL。该语句令进程或子程序直到后面的条件满足时才执行。例如，对于下面的 D 触发器的例子，两个进程是等效的。这里使用同步清零，使用 IF 语句实现。一个是 CLK 放入敏感表，一个是使用 WAIT UNTIL 语句，不设置敏感表。例如，对于同步清零 D 锁存器，带有敏感表的 Process 可写为

```
PROCESS(CLK)
BEGIN
  IF(CLK'event and CLK='1')THEN
    IF(CLR='1')THEN
      tmpq<='0';
    ELSE
      tmpq<=D;
    END IF;
  END IF;
END PROCESS;
```

使用 WAIT UNTIL 语句的同步清零 D 触发器程序可写为

```
PROCESS
```

```
BEGIN
WAIT UNTIL(CLK'event and CLK='1');
IF(CLK='1')THEN
   tmpq<='0';
ELSE
   tmpq<=D;
END IF;
END PROCESS;
```

这里需要注意的是,由于 WAIT UNTIL 语句的优先级很高,因此它不可以被放置在 IF 语句之内,其最常出现的场合为有关触发器的描述之中。

再看 WAIT ON。该语句后面的信号列表中的任何一个发生变化时将触发所在的 Process 或子程序,就是说当接在它前面的信号发生由'1'变到'0'或由'0'变到'1'的电位改变时,Process 语句才会被处理,否则会一直等待。下面的程序中,WAIT ON 监视时钟信号 CLK。由于单个 WAIT ON 语句后面加入信号相当于进程语句中使用的敏感表,下列使用 WAIT ON 语句的功能和使用敏感表的语句功能是一致的。例如,使用 WAIT ON 的同步清零 D 触发器 Process 可写为

```
PROCESS
BEGIN
IF(CLK'event and CLK='1')THEN
    IF(CLEAR='1')THEN
       Dout<='0';
    ELSE
       Dout<=Din;
    END IF;
END IF;
WAIT ON clk;
END PROCESS;
```

事实上,WAIT ON 语句是不太可能被综合为电路的(尤其是时序电路),因为在实际的触发器中,它们所使用的时序脉冲 CLK 只有正沿触发(即'0'→'1')或负沿触发(即由'1'→'0')两种,不可能会出现同时接受两种触发方式的,如果设计师不小心使用了上述语句,当系统进行综合时,它所综合出来的硬件电路绝对不是您所需要的,而有些编译器会直接告诉您发生错误。因此 WAIT ON 语句最好用在仿真之中。

最后看 WAIT FOR 语句。在 VHDL 中,WAIT FOR 语句仅能做仿真使用,不能综合,例如,产生一个周期为 80ns 的时钟,方法如下:

```
WAIT FOR 40ns
CLK<=not CLK;
```

当程序执行到本命令时,会等待 40ns 后,将 CLK 反转。该语句根本不适合拿来做硬件电路的综合,它比较适合于出现在仿真场合。

8.6 LOOP 语句

LOOP 用于循环,重复执行代码。它类似于并行语句 GENERATE,只不过 LOOP 为顺序语句。对于 LOOP 语句有 5 种情况,分别为无条件循环、FOR 循环、WHILE 循环以及与 EXIT 和 NEXT 搭配等。5 种搭配语句的使用方法如下,其中 FOR-LOOP 语句是最常用的方式。

8.6.1 无条件循环

无条件循环使系统不断地执行 LOOP 内的语句,直到遇上 EXIT 或 NEXT 指令后面的条件为真时,才会停止循环的执行,无条件循环的语法如下:

```
[LABEL:] LOOP
顺序语句;
END LOOP [LABEL];
```

其中,LABLE 为标签名称,它可有可无,但必须与 END LOOP 后面的 LABEL 一致。LOOP、END LOOP 为保留字,不可以更改或省略。循环体里面的顺序语句,它可以是单一或很多个语句。例如无限计数器:

```
LOOP
  WAIT UNTIL clk='1';
  count:=count+1;
END LOOP;
```

8.6.2 FOR…LOOP 循环

该循环类似于 C 或 MATLAB 语言中的 FOR 循环,有始有终,循环次数固定,这种句式在 VHDL 中经常使用。语法如下:

```
[LABEL:] FOR 变量 IN 范围 LOOP
顺序语句;
END LOOP [LABEL:];
```

其中,FOR、IN、LOOP、END LOOP 皆为保留字,不可以改变或省略。例如,实现两个总线的倒转取与:

```
FOR n IN 0 TO 5 LOOP
  x(n)<=a(n) and b(5-n);
END LOOP;
```

注意:对于 FOR…LOOP 语句,其范围必须是静态的。对于其中的变量,名称可以由使用者指定。这里要特别强调的是,此变量名称并不需要实现声明,它的有效范围只在 FOR…LOOP 的循环内,离开所在的 FOR…LOOP 循环时,此变量名称就立刻消失无效。

例 8.13 奇偶校验器。

对一 bit 数组类型数据,检查其中'1'的个数。若个数是奇数,则输出为'1',否则输出为'0'。设输入为 Din,数组宽度为 M;时钟为 CLK;输出引脚为 Pout。程序如下:

```
PACKAGE anu IS
constant M : integer :=8;
type input is array(0 to M-1)of bit;
LIBRARY IEEE;
USE IEEE.STD_LOGIC_1164.ALL;
USE work.anu.all;

ENTITY paritychecker IS
PORT(Din : in input;
     CLK : in std_logic;
     Pout : out std_logic);
END paritychecker;

ARCHITECTURE behave OF paritychecker IS
BEGIN
  PROCESS(CLK)
  variable odd : std_logic :='0';
  BEGIN
    IF CLK'event and CLK='1' THEN
      odd :='0';
      FOR n in 0 to M-1 LOOP
        odd :=odd xor Din(n);
      END LOOP;
    END IF;
    Pout<=odd;
  END PROCESS;
END behave;
```

例 8.14 4 位全加器。

根据图 7.10 以及每个 1 位全加器之间的逻辑关系,使用 FOR…LOOP 语句可得到如下程序:

```
LIBRARY IEEE;
USE IEEE.STD_LOGIC_1164.ALL;

ENTITY fulladder4 IS
PORT(A,B : in std_logic_vector(3 downto 0);
     Cin : in std_logic;
```

```
            S    : out std_logic_vector(3 downto 0);
        Cout : out std_logic);
END fulladder4;

ARCHITECTURE behave OF fulladder4 IS
signal C: std_logic_vector(4 downto 0);
BEGIN
PROCESS(A,B,Cin)
BEGIN
FOR n in 0 to 3 LOOP
   S(n)<=A(n)xor B(n)xor C(n);
C(n+1)<=(A(n)and B(n))or(A(n)and C(n))or(B(n)AND C(n));
END PROCESS;
C(0)<=Cin;
Cout<=C(4);
END behave;
```

例 8.15 N 位右移寄存器。

这里使用 LOOP 语句实现图 8.6 所示的电路，程序如下：

```
LIBRARY IEEE;
USE IEEE.STD_LOGIC_1164.ALL;

ENTITY shifterN IS
GENERIC(N : integer :=4);
PORT(Din, CLK, Reset : in   std_logic;
          Dout : out std_logic;
          Qout : out std_logic_vector(0 to N-1));
END shifterN;

ARCHITECTURE behave OF shifterN IS
signal tmpq : std_logic_vector(0 to N-1);
BEGIN
   PROCESS(CLK, Reset)
   BEGIN
     IF Reset='0' THEN
       tmpq<=(OTHERS=>'0');
     ELSIF CLK'event and CLK='1' THEN
       tmpq(0)<=Din;
       FOR m=1 to N-1 LOOP
          tmpq(m)<=tmpq(m-1);
       END LOOP;
     END IF;
   END PROCESS;
   Qout<=tmpq;
```

```
        Dout<=tmpq(N-1);
    END behave;
```

8.6.3　WHILE…LOOP 循环

该循环类似于 C 或 MATLAB 中的 WHILE 循环,循环次数不定,在循环体中的变量满足某要求时退出循环。语法如下:

```
[LABEL:] WHILE 条件 LOOP
    顺序语句;
END LOOP [LABEL];
```

其代表的意义为当 WHILE 后面条件式为真时,循环内的语句才会被执行,反过来说 WHILE 后面条件式为假时,循环内部的语句就不会被执行,跳出循环。

当使用 WHILE…LOOP 循环时,它不像 FOR 循环那样有设定变量的开始及结束的功能,因此在程序内必须要实现设定变量的开始值,另外,在循环语句区内,由于 WHILE 不像 FOR 语句那样有调整变量内容的功能,因此必须在语句区内加入调整的语句。例如,以下程序将在 n<10 时重复:

```
WHILE(n<10)LOOP
    WAIT UNTIL CLK'event and clk='1';
    n:=n+1;
    …
END LOOP;
```

8.6.4　LOOP…EXIT 循环

该循环类似于 C 或 MATLAB 语言中带有 BREAK 的循环,满足某条件后退出循环。语法如下:

```
[LOOP_LABEL:] [FOR 标识符 IN 范围] LOOP
    顺序语句;
[EXIT_LABEL"] EXIT [LOOP_LABEL] [WHEN condition];
END LOOP [LOOP_LABEL];
```

例如,在下列程序中,如果在 data 中发现非零数据将会退出:

```
FOR n IN data'RANGE LOOP
    CASE data(n)IS
        WHEN '0'=>count:=count+1;
        WHEN others=>EXIT;
    END CASE;
END LOOP;
```

8.6.5 LOOP…NEXT 循环

该循环类似于 C 或 MATLAB 语言中带有 CONTINUE 的循环,在满足某条件的情况下不执行后续的循环语句,而继续循环。语法如下:

```
[LOOP_LABEL:] [FOR 标识符 IN 范围] LOOP
    顺序语句;
    [NEXT_LABEL:] NEXT [LOOP_LABEL] [WHEN condition];
    顺序语句;
END LOOP [LOOP_LABEL];
```

例如,在 n=skip 时跳过,循环将不做任何事情,接着循环。

```
FOR n IN 0 TO 15 LOOP
    NEXT WHEN n=skip;
    …
END LOOP;
```

8.7 寄存器的引入问题

本节讨论给定代码条件下的寄存器个数问题,目的是不仅要了解电路设计中的寄存器数目,还要确定电路是否能够实现所需要的功能。

前面已经讲过,当在另外一个信号的状态转移时对信号赋值,将产生一个寄存器。这种同步条件下的赋值通常位于顺序代码(进程)中。当变量在另外一个信号状态变化时用于数据存储,也会产生寄存器。例如下列代码:

```
signal clk : std_logic;
signal sig1: std_logic_vector(7 downto 0);
signal sig2: integer range 0 to 7;
variable var: std_logic_vector(3 downto 0);
process(CLK)
BEGIN
IF(clk'event and clk='1')THEN
sig1<=x;
sig2<=y;
var :=z;
END IF;
END process;
```

这里在 CLK 的上升沿触发时,需要在 CLK 状态变化的条件下保存 3 个值,因此将会产生 8+3+4=15 个 D 触发器。再考察下列代码:

```
process(CLK)
```

```
    BEGIN
       IF(clk'event and clk='1')THEN
          sig2<=y;
          var :=z;
       END IF;
       sig1<=x;
    END process;
```

在该代码段中将会使用 3+4=7 个 D 触发器。

8.8 信号和变量的再讨论

VHDL 提供 3 种数值对象，包括常量、信号和变量。使用常量的一个典型例子是类属声明，端口声明中的对象为信号。变量则只能声明在进程或子程序之内。

信号用于实现电路之间的电气连接，例如，所有的端口都要声明成信号的形式，电路中的节点当需要时也需要声明成信号的形式。

变量是顺序语句中非常重要的对象，它仅在顺序代码单元中是可见的，并且仅能在顺序代码单元中创建。它仅仅表示局部信息。它可以在进程、函数、过程、包和包体中声明，变量在整个程序的运行过程中随所在进程的变化而变化。

这里需要讲解共享变量的概念。若在声明变量之前加上 shared 关键字，则把变量声明成共享的，那么该变量就可以被多个顺序语句使用，也可以被并行语句使用。另外共享变量的值可以传递给顺序语句之外的信号赋值语句。共享变量可以在 ENTITY、ARCHITECTURE、BLOCK、GENERATE 和 PACKAGE 中声明（该包必须在进程或子程序之外）。需要注意的是，共享变量不能在进程和子程序之内声明。

实际上在 VHDL 编程过程中，信号和变量的选择有时并不是很严格。这里仅给出信号和变量之间的主要区别和主要应用规则，供读者参考。

1. 声明的位置

信号：可以在 ENTITY、ARCHITECTURE、PACKAGE、BLOCK 或 GENERATE 中声明，注意它不能在 PROCESS 和子程序中声明。

变量：只能在顺序语句代码单元中声明（PROCESS 和子程序），唯一的例外是共享变量，它可以和信号在同样的位置声明，但只能在一个顺序语句单元中变更其值。

2. 作用域

信号：可以全局使用（在整个代码中可见且修改，包括在顺序语句单元中）。

变量：通常是局部的（仅在其声明的顺序单元内可见或修改）。为了将其值在本单元之外传递，则应将其赋值给一个信号。唯一例外的是共享变量，它可以是全局的，可以在顺序单元和并行语句中可见，但它仅能在顺序单元中更改其值。

3. 更新

信号：信号在进程或子程序中，其更新过程都不是立即更新的，而是最后一个值有效。

变量：立即更新，因此其新值可以被下面的代码使用。

4. 赋值运算

信号：使用"<="赋值。

变量：使用":="赋值。

实际在电路设计时，信号用来在进程之间电气通信，共享变量用于进程之间的信息共享。另外，电路设计的一个原则是数据处理进程和控制进程应分开，在独立的进程中处理。

例 8.16 换挡开关。

对于 3 个输入信号 i0、i1、a，都是 std_logic 类型，q 为 std_logic 类型的输出信号。当 a='0'时，输出 q 保持当前的连通状态；当 a='1'时，输出 q 切换当前的连通通道。该开关称为换挡开关。

使用共享变量，可以设计下列代码：

```
LIBRARY IEEE;
USE IEEE.STD_LOGIC_1164.ALL;
USE IEEE.STD_LOGIC_ARITH.ALL;

ENTITY ctrlswitch IS
PORT(i0,i1,a: in std_logic;
        q: out std_logic);
END ctrlswitch;

ARCHITECTURE beh_shared OF ctrlswitch IS
shared variable valx : integer range 0 to 1;
BEGIN
--开关控制进程
PROCESS(a)
BEGIN
   if(a='1')then
     valx :=1-valx;
   end if;
END PROCESS;
--数据处理进程
PROCESS(i0,i1,a)
BEGIN
CASE valx IS
     when 0=>q<=i0;
```

```
            when 1=>q<=i1;
        END CASE;
    END PROCESS;
END beh_shared;
```

当使用电气连接时,其 ARCHITECTURE 可写为

```
ARCHITECTURE beh_signal OF ctrlswitch IS
signal midsig : std_logic :='0';
BEGIN
    PROCESS(a)
    BEGIN
        if a='1' then
            midsig<=not midsig;
        end if;
    END PROCESS;

    PROCESS(i0,i1,midsig)
    BEGIN
        CASE midsig IS
            WHEN '0'=>q<=i0;
            WHEN '1'=>q<=i1;
        END CASE;
    END PROCESS;
END beh_signal;
```

可见,共享变量不能作为两个进程的电气连接进行通信,而信号则可以出现在进程的敏感表中。两个 Architecture 运行仿真的结果相同,如图 8.7 所示。

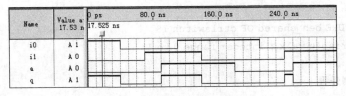

图 8.7 换挡开关时序图

例 8.17 0-9 计数显示。

我们再来看例 8.8 使用信号的设计方法。声明一个中间信号 tmpsig,实现时钟脉冲的加法。当 tmpsig 到达 10 时置零,然后将 tmpsig 赋值给 cnt 输出,这种情况下的 Architecture 代码如下:

```
ARCHITECTURE behavesignal OF counter09 IS
signal tmpsig : std_logic_vector(3 downto 0);
BEGIN
cnt_process : PROCESS(clk)
```

```
BEGIN
    if(clk'event and clk='1')then
        tmpsig<=tmpsig+1;
        if(tmpsig=10)then
            tmpsig<=0;
        end if;
    end if;
END PROCESS cnt_process;

disp_process : PROCESS(tmpsig)
BEGIN
case tmpsig is
WHEN "0000"=>y<=X"3F";
WHEN "0001"=>y<=X"06";
WHEN "0010"=>y<=X"5B";
WHEN "0011"=>y<=X"4F";
WHEN "0100"=>y<=X"66";
WHEN "0101"=>y<=X"6D";
WHEN "0110"=>y<=X"7D";
WHEN "0111"=>y<=X"07";
WHEN "1000"=>y<=X"7F";
WHEN "1001"=>y<=X"6F";
WHEN OTHERS=>y<=X"3F";
END PROCESS disp_process;
END behavesignal;
```

这里注意,执行"tmpsig<=tmpsig+1;"语句之后,tmpsig 仍然是原 tmpsig 的值,没有发生变化,因此若原 tmpsig=9,执行该代码之后,tmpsig 仍然为 9,而不是 10。执行的结果是最后该进程 tmpsig=10 赋值给 cnt 输出,因此产生错误计数(在 0 处停留 2 倍的计数时间)。这种情况下,需要将 if(tmpsig=10)语句改为 if(tmpsig=9)。

另外需要指出的是,tmpsig 是进程 cnt_process 的输出,它也是显示进程 disp_process 的输入,出现在 disp_process 的敏感表内。当然 disp_process 也可以使用隐式进程实现,例如选择信号赋值语句、条件信号赋值语句,本例为显示信号作为 Process 之间的电气通信接口而使用了显式进程中的 CASE 语句。

下面通过 0-99 计数器作为一个综合例子观察信号与变量的差别,并体会信号作为 Process 之间电气通信的使用方法。

例 8.18 0-99 计数显示。

如图 8.8 所示,整体功能是在 FPGA 中实现一个 0-99 计数器,并通过外围 LED 将计数结果显示出来。外围 LED 显示器中的两个 8 位 LED 数码管共用数据线,通过地址选择端选择要点亮的数码管。也就是说两个 LED 数码管同一时刻只有一个点亮。因此为让人眼看成是同时点亮,需要数码管的点亮频率大于 24Hz。在这里电路的输入为一个 100Hz 方波的时钟信号 CLK,一个低电平有效的异步复位信号 Reset。输出为数码管选择端 Ledaddr 和要显示的数据编码 Ledcode。

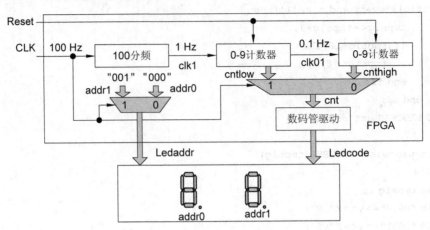

图 8.8 0-99 计数并显示电路

在该电路中,有 6 个电路模块,分别介绍如下。

(1) 100 分频模块。

100 分频模块的功能是将 100Hz 的输入信号 CLK 进行 100 分频,获得 1Hz 的信号,用于计数器计数。其输入信号是 CLK,输出信号为内部信号 clk1。

(2) 地址选择器。

地址选择器用于在 CLK 的控制下选择要点亮的 LED 数码管,当 CLK 为低电平时,点亮地址为"000"的数码管,用于显示计数结果的十位数;当 CLK 为高电平时,点亮地址为"001"的数码管,用于显示计数结果的个位数。输入为 CLK、addr1、addr0,输出为 Ledaddr。

(3) 个位计数器。

个位计数器的输入是 1Hz 的时钟脉冲信号,它是 100 分频模块的输出信号 clk1;输出是计数结果 cntlow 和一个 0.1Hz 的时钟信号 clk01,用于作为十位计数器的计数脉冲。另外,它还接异步复位信号 Reset,信号有效时,cntlow 置零。

(4) 十位计数器。

十位计数器的输入是 0.1Hz 的时钟脉冲信号,它是个位计数器的输出。其输出为计数结果 cnthigh。另外,它还接异步复位信号 Reset,信号有效时,cnthigh 置零。

(5) 显示数据选择器。

显示数据选择器是用来显示要在点亮的数码管上显示的数据,输入控制信号是 CLK,数据信号是 cntlow 和 cnthigh,分别来自个位计数器和十位计数器的数据输出。当 CLK 为高电平时,输出 cnt 选择个位 cntlow;当 CLK 为低电平时,输出 cnt 选择十位 cnthigh。cnt 通过数码管驱动电路点亮数码管。

(6) 数码管驱动电路。

数码管驱动电路实际上就是译码器,将输入数据译成可点亮 LED 数码管显示的数据。这个在前面计数器的例子中已有详细描述,此处不再重复。

整个电路的程序如下:

```vhdl
LIBRARY IEEE;
USE IEEE.STD_LOGIC_1164.ALL;
USE IEEE.STD_LOGIC_UNSIGNED.ALL;
USE IEEE.STD_LOGIC_ARITH.ALL;

ENTITY cnt99 IS
PORT(CLK, Reset : in std_logic;
        Ledaddr : out std_logic_vector(2 downto 0);
        Ledcode : out std_logic_vector(7 downto 0));
END cnt99;

ARCHTIECTUE behave OF cnt99 IS
--声明部分定义电路中各模块之间的连接导线或节点
signal clk1  : std_logic :='1';
signal clk01 : std_logic :='1';
signal addr1, addr0 : std_logic_vector(2 downto 0);
signal cntlow, cnthigh, cnt : std_logic_vector(3 downto 0);
BEGIN
  addr1<="001";
  addr0<="000";
--数码管和显示数据选择模块
led_sel_proc : PROCESS(CLK)
  BEGIN
    IF CLK='1' THEN
       cnt<=cntlow;
       ledaddr<=addr1;
    ELSE
       cnt<=cnthigh;
       ledaddr<=addr0;
    END IF;
  END PROCESS led_sel_proc;

--分频模块
  freq_div_proc : PROCESS(CLK)
  variable var : integer range 0 to 50 :=0;
  BEGIN
    if CLK'event and CLK='1' then
       var :=var+1;
       if var=49 then
          var :=0;
          clk1<=not clk1;
       end if;
    end if;
  END PROCESS freq_div_proc;
```

```vhdl
--一个位计数器模块,敏感表中的clk1由分频模块控制
  low_cnt_proc : PROCESS(clk1,Reset)
  variable var1: std_logic_vector(3 downto 0):="0000";
  BEGIN
    IF Reset='0' THEN
       var1 :="0000";
       clk2<='1';
    ELSIF clk1'event and clk1='1' THEN
       var1 :=var1+1;
       IF var1="0101" THEN
          clk2<=not clk2;
       ELSIF var1>9 THEN
          clk2<=not clk2;
          var1 :="0000";
       END IF;
    END IF;
    cntlow<=var1;
  END PROCESS low_cnt_proc;
--十位计数器模块,敏感表中的clk2由个位计数器控制
  high_cnt_proc : PROCESS(clk2, Reset)
  variable var2 : std_logic_vector(3 downto 0):="0000";
  BEGIN
    IF Reset='0' THEN
       var2 :="0000";
    ELSIF clk2'event and clk2='1' THEN
       var2 :=var2+1;
       if var2>9 THEN
          VAR2 :="0000";
       END IF;
    END IF;
    cnthigh<=var2;
  END PROCESS high_cnt_proc;

--数码管驱动模块,cnt来自数码管和显示数据选择模块
  WITH cnt SELECT
    Ledcode<=X"3F" WHEN "0000",
   X"06" WHEN "0001",
   X"5B" WHEN "0010",
   X"4F" WHEN "0011",
   X"66" WHEN "0100",
   X"6D" WHEN "0101",
   X"7D" WHEN "0110",
   X"07" WHEN "0111",
   X"7F" WHEN "1000",
```

```
   X"6F" WHEN "1001",
   X"3F" WHEN OTHERS;
END behave;
```

上述各个进程之间都是并行的,其排列顺序不影响要实现的电路功能。

思 考 题

1. 什么是进程?进程有什么特点?
2. 试用 CASE、IF 语句编写 1-4 分路器程序。
3. 试实现如图 8.9 所示的逻辑,输入信号为 A、B、D、CLK,输出信号为 Qx。
4. 这里考虑对 0-9 异步复位计数器的扩展,使用可并行加载的计数器,输入输出端口如下(见图 8.10):

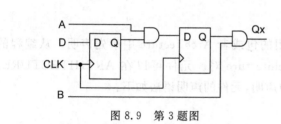

图 8.9 第 3 题图

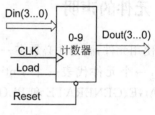

图 8.10 第 4 题图

其功能是当 Load 为高电平时,计数起点直接置为 Din。

5. 试使用 VHDL 代码描述异步清零输入的 T 触发器。
6. 试设计一分频器,实现对输入时钟信号的 4 分频、8 分频。
7. 试使用 VHDL 代码描述如图 8.11 所示电路,并说明电路的功能。

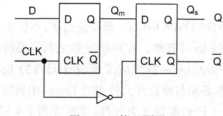

图 8.11 第 7 题图

第9章 元　　件

元件(Component)是复杂电路的组成部分,实际上就是常见的对电路模块描述的完整代码(库/包声明+实体+结构)。将其声明为元件可实现代码重用,并利于结构化、层次化编程。该方法通常用在数字子系统,例如加法器、乘法器、选择器、译码器,等等。基于元件的设计通常称为结构化描述。

VHDL 的结构化描述可以表示出代码和物理硬件之间更紧密的关系,可以描述更复杂的电路,它展示了任何抽象级别之间的连接。本章将对元件编程方法做详细介绍。

9.1 元件的声明

要使用元件,则元件必须在一个引用的包或者 Architecture 中事先声明。从编程的角度看,一个元件代表一个 Entity-Architecture 对。元件可以在 ARCHITECTURE、PACKAGE、GENERATE 和 BLOCK 中声明,元件的声明语法如下:

```
COMPONENT component_name [IS]
[GENERIC]
PORT(port_name1: port_mode data_type;
     port_name2: port_mode data_type;
     ...
     port_nameN: port_mode data_type);
END COMPONENT;
```

其中,COMPONENT、IS、END COMPONENT 等是关键字,不能更改;component_name 是要声明的元件名称,后面接着的 IS 可省略。在声明元件之前需要将元件设计好,一个元件对应一段 VHDL 代码,component_name 就对应了所设计元件的 Entity 名称,元件声明中的 GENERIC、PORT 声明等,都必须与所设计元件中的 Entity 中所描述的完全一致。

例如,将例 8.3 中的 2-4 译码器定义为元件,则首先将 2-4 译码器按照例 8.3 所列出的代码写好,并存在当前工程中,存储名称为实体名称 dec24.vhd。在更高一级的设计要使用该元件,如 3-8 译码器,Entity 名称为 dec38,则在该设计的 Architecture 中对 2-4 译码器进行元件声明的方法如下:

```
ARCHITECTURE behave OF dec38 IS
COMPONENT dec24
PORT(A1,A0,EN : in std_logic;
            Y : out std_logic_vector(3 downto 0));
END COMPONENT;
...
```

```
BEGIN
   ...
END behave;
```

9.2 元件例化

元件例化就是将元件放置在更高一级的设计中,它描述了高一级电路内部元件之间的接口关系。在例化时,仅接口可见,也就是说元件例化时是不透明的。在例化时,需要对类属和端口进行映射。元件例化的语法如下:

```
instance_name : component_name
           [GENERIC MAP(Generic List)]
           PORT MAP(Port List);
```

其中,instance_name 为例化名,在电路系统中表示标签;component_name 是元件名,对应于设计元件是的 Entity 名称和元件声明时的元件名称;GENERIC MAP 为类属映射,将后面的类属列表值映射到实际元件中;PORT MAP 是端口映射,将后面的端口列表与原定义的元件端口一一对应。

举一个简单的例子来说明问题。例如,假设已经有一个三输入的与非门,名称为 nand3,我们现在想将其作为一个元件应用在设计中。在元件声明部分,其端口必须是原始实体的副本;在元件例化部分,例化标签为 NA1,将设计中的信号 x1、x2、x3 和 y 分别赋值给元件的 a1、a2、a3 和 b 端口,称为位置映射。这里映射列表中的第一个信号赋值给元件声明时的第一个端口,第二个信号赋值给元件声明时的第二个端口,以此类推。元件声明如下:

```
COMPONENT NAND3 IS
PORT(a1,a2,a3 : in std_logic; b: out std_logic);
END COMPONENT;
```

元件例化过程中要使用端口映射。PORT MAP 就是将实际电路设计中的信号与已设计好的电路元件相连接,实现元件的接入。映射可采取位置和指定的方法。这里仍然以三输入与非门为例说明端口映射的方式。

```
NA1: nand3 port map(x1,x2,x3,y);                      --位置映射
NA2: nand3 port map(a1=>x1,a2=>x2,a3=>x3,b=>y);       --指定映射
NA3: nand3 port map(x1,x2,x3,OPEN);                   --位置映射
NA4: nand4 port map(a1=>x1,a2=>x2,a3=>x3,y=>open);    --指定映射
```

这里 NA1 和 NA2 两个元件是等效的,NA3 和 NA4 两个元件是等效的。这里 OPEN 是使原器件 nand3 的输出端开路。

9.3 元件声明和例化方法

元件的使用有两种常用方法:①若元件位于某个库中,在主程序中进行元件的声明和例化;②元件的声明在库中的某个包中进行,则仅在主程序中进行例化。相应地有以

下4种方法使用元件声明和元件例化。

方法1：将所有的代码存入一个文件，文件名称是主代码的实体名。在这种情况下，元件需要在主代码中声明。一句话，所有的工作都在一个文件中完成。

方法2：每个元件都独立编译，和主代码文件放在同一个工程（或同一个目录）之下，需要用户将需要的元件加入该工程。这种情况下，不需要在主代码中加入library和use语句，直接在主代码编程时进行元件声明和例化。

方法3：元件不在当前工程中，则需要使用library语句指向其所在的库。这需要在主代码中进行元件声明。

方法4：有些类似于方法3，只不过将这些元件声明在一个独立的包中，这种情况下，需要使用use语句指向其所在的包。此时不需要在主代码中进行元件声明。

例9.1 由两个2-4译码器组成一个3-8译码器。

使用两个2-4译码器组成一个3-8译码器的电路图如图9.1所示。试以2-4译码器为元件，使用声明和例化的形式设计该3-8译码器。

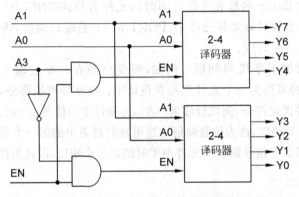

图9.1 由2-4译码器组成3-8译码器

使用方法1，主程序代码如下：

```
LIBRARY IEEE;
USE IEEE.STD_LOGIC_1164.ALL;

ENTITY mydecoder24 IS
port(X  : in  std_logic_vector(1 downto 0);
     EN : in  std_logic;
     Y  : out std_logic_vector(3 downto 0));
END mydecoder24;

ARCHITECTURE behave OF mydecoder24 IS
signal nx0, nx1 : std_logic;
BEGIN
    Y(0)<=nx1  AND nx0   AND EN;
    Y(1)<=nx1  AND x(0)  AND EN;
    Y(2)<=x(1) AND nx0   AND EN;
```

```
        Y(3)<=x(1)  AND x(0)  AND EN;
      nx0<=not x(0);     nx1<=not x(1);
END behave;
ENTITY mydecoder38 IS
port(A: in std_logic_vector(2 downto 0);
     EN: in std_logic;
     P: out std_logic_vector(7 downto 0));
END mydecoder38;

ARCHITECTURE behave OF mydecoder38 IS
signal EN1, EN2 : std_logic;
COMPONENT mydecoder24
port(X  : in   std_logic_vector(1 downto 0);
     EN : in   std_logic;
     Y  : out std_logic_vector(3 downto 0));
END COMPONENT;
BEGIN
  EN1<= (not A(2))AND EN;
  EN2<=A(2)AND EN;
  dc24_1 : mydecoder24 port map(A(1 downto 0), EN1, Y(3 downto 0));
  dc24_2 : mydecoder24 port map(A(1 downto 0), EN2, Y(7 downto 4));
END behave;
```

需注意的是,文件名必须存为 mydecoder38.vhd。

使用方法 2,则需要首先编写 2-4 译码器程序,并放置在当前工程中。假设 2-4 译码器实体名称为 mydecoder24,则代码编写如下:

```
--mydecoder24.vhd
LIBRARY IEEE;
USE IEEE.STD_LOGIC_1164.ALL;

ENTITY mydecoder24 IS
port(X  : in   std_logic_vector(1 downto 0);
     EN : in   std_logic;
     Y  : out std_logic_vector(3 downto 0));
END mydecoder24;

ARCHITECTURE behave OF mydecoder24 IS
signal nx0, nx1 : std_logic;
BEGIN
    Y(0)<=nx1   AND nx0   AND EN;
    Y(1)<=nx1   AND x(0)  AND EN;
    Y(2)<=x(1)  AND nx0   AND EN;
    Y(3)<=x(1)  AND x(0)  AND EN;
    nx0<=not x(0);
```

```
        nx1<=not x(1);
    END behave;
```

文件名存为 mydecoder24.vhd。接下来编写主文件 mydecoder38.vhd,实体名称为 mydecoder38,代码如下:

```
--mydecoder38.vhd
LIBRARY IEEE;
USE IEEE.STD_LOGIC_1164.ALL;

ENTITY mydecoder38 IS
    PORT(A  : IN   STD_LOGIC_VECTOR(2 downto 0);
         EN : IN   STD_LOGIC;
         P  : OUT STD_LOGIC_VECTOR(7 downto 0));
END mydecoder38;
ARCHITECTURE behave_struct of mydecoder38 is
    COMPONENT mydecoder24
        port(A  : in  std_logic_vector(1 downto 0);
             EN : in  std_logic;
             Y  : out std_logic_vector(3 downto 0));
    END COMPONENT;
    signal EN1, EN2 : std_logic;
begin
    U1: mydecoder24 PORT MAP(A(1 DOWNTO 0), EN1, P(3 downto 0));
    U2: mydecoder24 PORT MAP(A(1 downto 0), EN2, P(7 downto 4));
    EN1<=EN AND(NOT A(2));
    EN2<=EN AND A(2);
end behave_struct;
```

使用方法3,同方法2一样,都需要编写独立的 mydecoder24.vhd 和 mydecoder38.vhd,只不过 mydecoder24 作为公用元件,而 mydecoder38 是设计。一般在团队协作设计时,需要的元件放在同一个目录之内,但可能不会在某个设计者的当前工程之下,因此需要指定元件库所在目录。假设元件 mydecoder24 所对应的文件名位于 E:\quartus-exp\vhdlfiles,对于 Quartus Ⅱ,则需要做如下设置:

(1) 单击菜单 Assignments,选择 Category 中的 Libraries,弹出如图9.2所示的对话框。

在该对话框中,用户可添加或指定工程和全局库。工程库和全局库都可以包含用户自定义的或生产商提供的块符号文件等。在 Project Libraries 选项卡内单击库选择按钮,在弹出的对话框中选择所在目录,如图9.3所示。

在图9.3中,单击右下角"打开"按钮,则在设置对话框中的状态如图9.4所示。

(2) 单击 Add 按钮,则将在 Libraries 列表框中加入工程库,如图9.5所示。

单击 OK 按钮,即可将库加入。

在编写 mydecoder38.vhd 时,与方法2不同的是需要在引用库时更改为

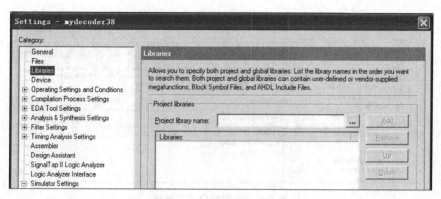

图 9.2　元件库设置对话框

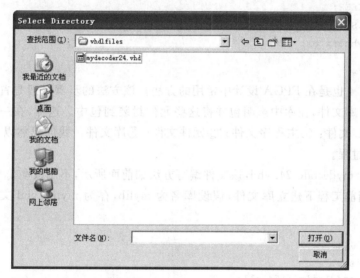

图 9.3　选择库文件路径

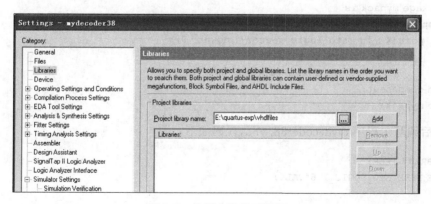

图 9.4　设置自定义工程库

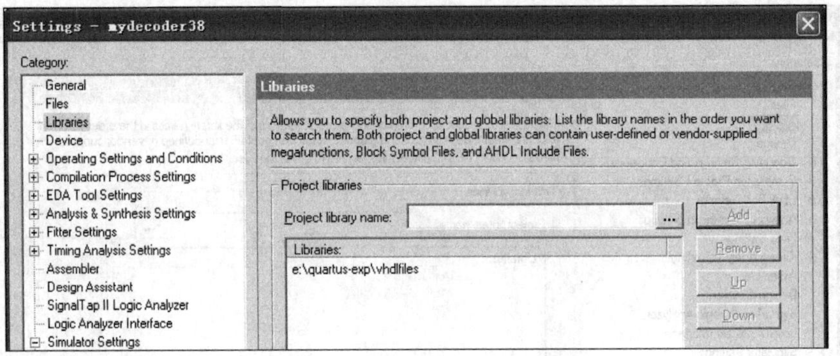

图 9.5　添加自定义工程库

```
LIBRARY IEEE;
USE IEEE.STD_LOGIC_1164.ALL;
LIBRARY vhdlfiles;
```

其余代码不变。

使用方法 4 也是在 FPGA 设计中常用的方法。该方法的步骤一般是首先编写元件，然后设计一个库文件，在库中声明包并将这些元件封装到包中。这样，在一个工程中，需要三类 VHDL 文件：①主程序文件；②元件文件；③库文件。我们仍然以 3-8 译码器为例，说明设计过程。

首先设计 mydecoder24.vhd，该文件编写方法如前面所示，不用改动。

其次在当前工程下建立库文件，假设库名为 mylib，存为 mylib.vhd 文件，添加如下代码：

```
--mylib.vhd
library ieee;
use ieee.std_logic_1164.all;

package mypack is
component mydecoder24
    port(X : in  std_logic_vector(1 downto 0);
         EN: in  std_logic;
         Y : out std_logic_vector(3 downto 0));
end component;
end mypack;
```

最后编写主程序 mydecoder38.vhd，代码如下：

```
LIBRARY IEEE;
USE IEEE.STD_LOGIC_1164.ALL;

library mylib;
use mylib.mypack.all;

entity expdecoder is
```

```
    port(A  : in   std_logic_vector(2 downto 0);
         EN : in   std_logic;
         P  : out std_logic_vector(7 downto 0));
end expdecoder;

architecture behave of mydecoder38 is
signal EN1, EN2 : std_logic;
begin
    U1: mydecoder24 PORT MAP(A(1 DOWNTO 0), EN1, P(3 downto 0));
    U2: mydecoder24 PORT MAP(A(1 downto 0), EN2, P(7 downto 4));
    EN1<=EN AND(NOT A(2));
    EN2<=EN AND A(2);
end behave;
```

编译后即可实现 3-8 译码器。

例 9.2 利用 2-4 译码器实现 4-16 译码器。

使用 5 个 2-4 译码器设计为一个 4-16 译码器的电路图如图 9.6 所示。

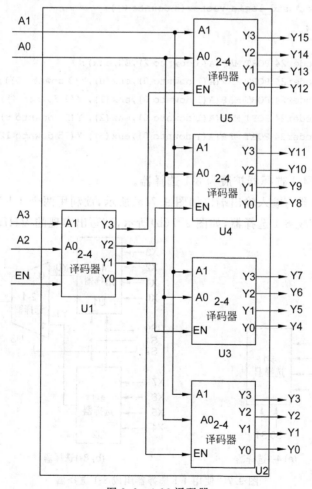

图 9.6 4-16 译码器

按照第二种元件声明和例化方式,该 3-8 译码器的实体可写为

```
LIBRARY IEEE;
USE IEEE.STD_LOGIC_1164.ALL;

ENTITY dec416 IS
PORT(A : in   std_logic_vector(3 downto 0);
     EN: in   std_logic;
     Y : out std_logic_vector(15 downto 0));
END dec416;

ARCHITECTURE behave OF dec416 IS
signal enx : std_logic_vector(3 downto 0);
COMPONENT mydecoder24
    port(X : in   std_logic_vector(1 downto 0);
         EN: in   std_logic;
         Y : out std_logic_vector(3 downto 0));
end component;
BEGIN
    u1: mydecoder24 PORT MAP(A(3 downto 2),EN,enx);
    u2: mydecoder24 PORT MAP(A(1 downto 0),enx(0),Y(3 downto 0));
    u3: mydecoder24 PORT MAP(A(1 downto 0),enx(1), Y(7 downto 4));
    u4: mydecoder24 PORT MAP(A(1 downto 0),enx(2), Y(11 downto 8));
    u5: mydecoder24 PORT MAP(A(1 downto 0),enx(3), Y(15 downto 12));
END dec416;
```

例 9.3 使用 4-1 选择器扩展为 8-1 选择器。

已知 4-1 选择器的输入输出端口如图 9.7(a)所示,欲利用两个 4-1 选择器和一个 2-1 选择器作为元件实现 8-1 选择器,如图 9.7(b)所示,试写出实现的 VHDL 程序。

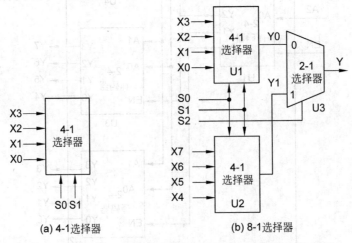

(a) 4-1选择器   (b) 8-1选择器

图 9.7 使用 4-1 选择器组成 8-1 选择器

4-1 选择器的实现可参照前面的实现例子，这里实现 2-1 选择器和 8-1 选择器。代码如下：

```
--mul81.vhd
LIBRARY IEEE;
USE IEEE.STD_LOGIC_1164.ALL;

ENTITY mul21 IS
PORT(X0,X1,S : in  std_logic;
          Y: out  std_logic));
END ENTITY;

ARCHITECTURE behave21 OF mul21 IS
BEGIN
   Y<=X0 WHEN S='0' ELSE X1;
END behave21;

ENTITY mul81 IS
PORT(X0,X1,X2,X3,X4,X5,X6,X7,S0,S1,S2: in std_logic;
                    Y: out std_logic);
END mul81;
ARCHITECTURE behave81 OF mul81 IS
signal Y0,Y1 : std_logic;
COMPONENT mul41
PORT(X0,X1,X2,X3,S1,S0 : in std_logic;
              Y : out std_logic);
END COMPONENT;
COMPONENT mul21 IS
PORT(X0,X1,S : in  std_logic;
          Y: out  std_logic));
END COMPONENT;
BEGIN
    u1 : mul41 PORT MAP(X0,X2,X2,X3,S1,S0,Y0);
    u2 : mul41 PORT MAP(X4,X5,X6,X7,S1,S0,Y1);
    u3 : mul21 PORT MAP(Y0,Y1,S2,Y);
END behave81;
```

该功能的实现也可采用如图 9.8 所示的电路，其 VHDL 程序可写为如下：

```
ARCHITECTURE behave81 OF mul81 IS
signal Y0,Y1,Y2,Y3: std_logic;
COMPONENT mul41
PORT(X0,X1,X2,X3,S1,S0 : in std_logic;
              Y : out std_logic);
END COMPONENT;
BEGIN
```

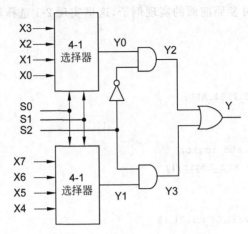

图 9.8 8-1 选择器的另一种实现方式

```
    u1 : mul41 PORT MAP(X0,X2,X2,X3,S1,S0,Y0);
    u2 : mul41 PORT MAP(X4,X5,X6,X7,S1,S0,Y1);
    Y<=Y2 or Y3;
    Y2<=Y0 and(not S2);
    Y3<=Y1 and S2;
END behave81;
```

可见，通过元件例化，使程序层次清晰、代码可读性增强。

例 9.4 N 位全加器实现。

这里使用 1 位全加器实现 N 位全加器，原理图见图 7.10。首先设计 1 位全加器作为元件，然后通过元件例化实现 N 位全加器。

代码如下：

```
LIBRARY IEEE;
USE IEEE.STD_LOGIC_1164.ALL;
USE IEEE.STD_LOGIC_ARITH.ALL;

ENTITY fulladder1 IS
PORT(Cin,A,B : in std_logic;
     S,Cout : out std_logic);
END fulladder1;

ARCHITECTURE behave OF fulladder1 IS
BEGIN
    S<=A xor B xor Cin;
    Cout<=(A and B)or(Cin and A)or(Cin and B);
END behave;

ENTITY fulladderN IS
GENERIC(N : integer :=4);
```

```
    PORT(Cin: in std_logic;
      X, Y: in   std_logic_vector(N-1 downto 0);
      sum: out std_logic_vector(N-1 downto 0);
        Cout: out std_logic);
END fulladderN;

ARCHITECTURE behave OF fulladderN IS
COMPONENT fulladder1
PORT(Cin,A,B : in std_logic;
      S,Cout : out std_logic);
END COMPONENT;
signal C : std_logic_vector(N downto 0);
BEGIN
  C(0)<=Cin;
  FOR i IN 0 to N-1 GENERATE
    FA : fulladder1 PORT MAP(C(i), x(i),y(i),sum(i),C(i+1));
  END GENEARTE;
  Cout<=c(N);
END behave;
```

例 9.5 0-9 计数器。

前面讨论的 0-9 计数器是基于变量或信号加减实现的,这里介绍一种使用 D 触发器实现的方法,其电路图如图 9.9 所示。

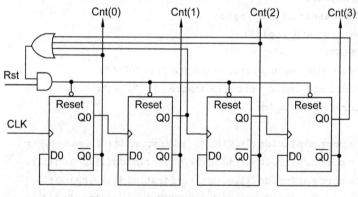

图 9.9 0-9 计数器的 D 触发器实现

实现代码如下：

```
LIBRARY IEEE;
USE IEEE.STD_LOGIC_1164.ALL;

ENTITY asyndff IS
PORT(D,CLK,Reset: in std_logic;
      Q,nQ: out std_logic);
END asyndff;
```

```vhdl
ARCHITECTURE behave OF asyndffz IS
signal tmpq : std_logic;
BEGIN
  PROCESS(CLK,Reset)
  BEGIN
    IF Reset='0' THEN
         tmpq<='1';
    ELSIF CLK'event and CLK='1' THEN
         tmpq<=d;
    END IF;
  END PROCESS;
Q<=tmpq;
nQ<=not tmpq;
END behave;

ENTITY cnt09 IS
PORT(CLK,Reset : in std_logic;
        Cnt: out std_logic_vector(3 downto 0));
END Cnt09;

ARCHITECTURE behave OF cnt09 IS
COMPONENT asyndff
PORT(D, CLK,Reset: in std_logic;
        Q,nQ: out std_logic);
END COMPONENT;
signal midq : std_logic_Vector(3 downto 0):="0000";
signal nmidq: std_logic_vector(3 downto 0):="1111";
signal midrst: std_logic;
BEGIN
  u1: dffz port map(nmidq(0),CLK,    midrst,midq(0),nmidq(0));
  u2: dffz port map(nmidq(1),midq(0),midrst,midq(1),nmidq(1));
  u3: dffz port map(nmidq(2),midq(1),midrst,midq(2),nmidq(2));
  u4: dffz port map(nmidq(3),midq(2),midrst,midq(3),nmidq(3));
  Cnt<=nmidq;
  midrst<=Reset and(midq(3)or nmidq(2)or midq(1)or nmidq(0));
END behave;
```

例 9.6 这里仍然以例 8.18 说明问题。在例 8.18 中将每个模块分成进程来写,但会有重复代码。例如,地址选择电路和数据选择电路、0-9 计数器,为此这里使用元件例化,可减少代码重复。将电路中的电路模块首先写成元件的形式,然后再声明、例化,实现电路功能。根据图 8.8 所划分的模块,代码如下:

```vhdl
LIBRARY IEEE;
```

```vhdl
USE IEEE.STD_LOGIC_1164.ALL;
USE IEEE.STD_LOGIC_UNSIGNED.ALL;
USE IEEE.STD_LOGIC_ARITH.ALL;

--数据选择电路
ENTITY muldata IS
    GENERIC(M: INTEGER :=3);                    --声明类属
    PORT(D0: in std_logic_vector(M downto 0);
         D1: in std_logic_vector(M downto 0);
         S : in std_logic;
         D: out std_logic_vector(M downto 0));
END muldata;
ARCHITECTURE behavemul OF muldata IS
BEGIN
    D<=D0 WHEN S='0' ELSE D1;
END behavemul;


--100Hz 分频电路
ENTITY freqdiv IS
PORT(clkin : in std_logic;
     clkout: out std_logic);
END freqdiv;
ARCHITECTURE behavediv OF freqdiv IS
BEGIN
PROCESS(clkin);
variable var : integer range 0 to 50 :=0;
  BEGIN
    if clk'event and clk='1' then
       var :=var+1;
       if var=49 then
          var :=0;
          clkout<=not clkout;
       end if;
    end if;
END PROCESS;
END behavediv;

--0-9 计数器电路
ENTITY cnt09 IS
PORT(clk, reset: in   std_logic;
        cnt: out std_logic_vector(3 downto 0);
        clkout: out std_logic);
END cnt09;
ARCHITECTURE behavecnt09 OF cnt09 IS
```

```vhdl
PROCESS(clk,reset)
variable var: std_logic_vector(3 downto 0):="0000";
BEGIN
    IF reset='0' THEN
        var :="0000";
        clkout<='1';
    ELSIF clk'event and clk='1' THEN
        var :=var+1;
        IF var="0101" THEN
            clkout<=not clkout;
        ELSIF var1>9 THEN
            clk<=not clk;
            var1 :="0000";
        END IF;
    END IF;
    cnt<=var;
END PROCESS;
END behavecnt09;

--LED 数码管驱动电路
ENTITY led_drive IS
PORT(din : in std_logic_vector(3 downto 0);
     dout : out std_logic_vector(7 downto 0));
END led_drive;
ARCHITECTURE behaveled OF led_drive IS
BEGIN
WITH din SELECT
Y<=X"3F" WHEN "0000",
    X"06" WHEN "0001",
    X"5B" WHEN "0010",
    X"4F" WHEN "0011",
    X"66" WHEN "0100",
    X"6D" WHEN "0101",
    X"7D" WHEN "0110",
    X"07" WHEN "0111",
    X"7F" WHEN "1000",
    X"6F" WHEN "1001",
    X"3F" WHEN OTHERS;
END behaveled;

--0-99 计数器显示电路
ENTITY cnt99 IS
PORT(CLK,RESET : in  std_logic;
     ledaddr : out std_logic_vector(3 downto 0);
```

```vhdl
        ledcode: out std_logic_vector(7 downto 0));
END cnt99;


ARCHITECTURE behavecnt99 OF cnt99 IS
signal clk1  : std_logic :='1';
signal clk01 : std_logic :='1';
signal addr1, addr0 : std_logic_vector(2 downto 0);
signal cntlow, cnthigh, cnt : std_logic_vector(3 downto 0);
COMPONENT muldata IS
GENERIC(M: INTEGER :=3);
PORT(D0: in std_logic_vector(M downto 0);
     D1: in std_logic_vector(M downto 0);
     S : in std_logic;
     D: out std_logic_vector(M downto 0));
END COMPONENT;
COMPONENT freqdiv IS
PORT(clkin : in std_logic;
     clkout: out std_logic);
END COMONENT;
COMPONENT cnt09 IS
PORT(clk, reset: in std_logic;
          cnt: out std_logic_vector(3 downto 0);
          clkout: out std_logic);
END COMPONENT;
COMPONENT led_drive IS
PORT(din : in std_logic_vector(3 downto 0);
     dout : out std_logic_vector(7 downto 0));
END COMPONENT;
BEGIN
  addr1<="001";
  addr0<="000";
  --例化地址选择器
    u1: muldata GENERIC MAP(3)              --类属映射,总线宽度为 4
             PORT MAP(addr0,addr1,clk,ledaddr);
    --例化计数数据选择器
    u2: muldata GENERIC MAP(7)              --类属映射,总线宽度为 8
             PORT MAP(chthigh, cntlow, clk, cnt);
    --100 分频模块
    u3: freqdiv PORT MAP(clk, clk1);
    --个位计数模块
    u4: cnt10 PORT MAP(clk1, reset, cntlow, clk01);
    --十位计数模块
    u5: cnt10 PORT MAP(clk01, reset, cnthigh, OPEN);
    --数码管驱动模块
```

```
u6: led_drive PORT MAP(cnt, ledcode);
END behavecnt99;
```

思 考 题

1. 什么是元件？如何声明和例化？
2. 元件可存放的位置有哪些？
3. 试利用 2-4 译码器组成 3-8 译码器，然后再以 3-8 译码器为元件组成 4-16 译码器。
4. 试根据图 9.10 和表 9.1，基于元件例化的方法设计该电路系统。

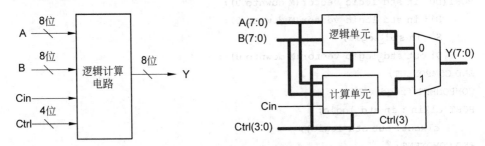

图 9.10　逻辑运算电路输入输出及电路组成模块

表 9.1　电路输入输出关系

设计单元	指　　令	运　　算	控制码(Ctrl)
逻辑单元	A 的反码	Y=NOT A	0000
	B 的反码	Y=NOT B	0001
	AND	Y=A AND B	0010
	OR	Y=A OR B	0011
	NAND	Y=A NAND B	0100
	NOR	Y=A NOR B	0101
	XOR	Y=A XOR B	0110
	XNOR	Y=A XNOR B	0111
计算单元	传输 A	Y=A	1000
	传输 B	Y=B	1001
	A 加 1	Y=A+1	1010
	B 加 1	Y=B+1	1011
	A 减 1	Y=A−1	1100
	B 减 1	Y=B−1	1101
	A 和 B 非进位加	Y=A+B	1110
	A 和 B 进位加	Y=A+B+Cin	1111

第10章 库、包与子函数

在使用 VHDL 进行 FPGA/CPLD 设计的过程中,有时需要代码的重利用和编程时分工合作、代码共享等需求,而满足这些需求的基础部件是包(Package)、元件(Component)、函数(Function)和过程(Procedure)。由于这些单元通常位于主代码之外(即位于不同的库中),通常称为系统级设计。本章主要讲述如何建立库包,以及子函数的设计方法等。

10.1 库

库、包和主 VHDL 主程序之间的关系如图 10.1 所示。如果在主代码中声明某个库,则该库中的元素可以在设计中被直接应用。库可以包含不同的包(内有函数、过程以及不同数据类型的声明)和其元件(需要在主程序中使用关键字 COMPONENT 进行例化)。库是用于存放可编译的设计单元的集合,它存放实体说明、结构体、配置说明、程序包标题和程序包体,可以通过其目录进行查询和调用。库成就了设计产品的共享。

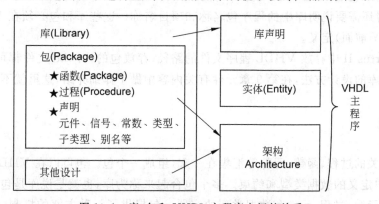

图 10.1 库、包和 VHDL 主程序之间的关系

在 VHDL 中,可以存在多个不同的库,但库与库之间是相互独立的,不能互相嵌套。当前在 VHDL 中使用的库的种类有 STD 库、WORK 库(又称为工作库)、IEEE 库、ASIC 矢量库和用户自定义库。

STD 库是 VHDL 的标准库,是所有设计单元所共享、默认的库,包含 STANDARD 和 TEXTIO 两个包,使用 STANDARD 不需要按标准格式说明,但使用 TEXTIO 时,要先说明库和程序包名称,然后才能使用其中的数据。

在编译一个 VHDL 元件时,默认其保存在工作库。工作库不是 PC 或工作站正在进行编译的目录名,而是一个逻辑名。系统中有一个指示器定义工作库的物理地址,即指向该目录。VHDL 工具通常在启动时自动定义工作库。这意味着将按照 VHDL 编译器的不同启动位置而得到不同的工作库。WORK 库为 VHDL 的当前工作库，用于保存当前的设计单元，是用户的临时库，用户设计的成品、半成品、设计模块和单元都放在其中。使用该库时无须任何说明。

VHDL 标准中规定工作库 WORK 和标准库 STD 永远可见。因此，这两个库不必在 VHDL 代码中指定。在称为 STANDARD 的程序包中所有预定义的数据类型和函数都可以使用。该程序包位于 STD 库中。正是这个库中定义了数据类型 bit、bit_vector、character、time 和 integer 等。VHDL 标准规定 STANDARD 包总是可见，因而也不需要在 VHDL 代码中预先指定。

IEEE 库为 IEEE 正式认可的标准化库，例如，IEEE 库中的 STD_LOGIC_1164、STD_LOGIC_ARITH、STD_LOGIC_SIGNED 等程序包。现有一些公司，如 Synopsys 所提供的程序包 STD_LOGIC_ARITH 和 STD_LOGIC_UNSIGNED 也被集成在 IEEE 库中。

ASIC 矢量库为各个 EDA 厂商和公司提供的面向 IC 设计的特色工具库和元件库，在该库中存放着与逻辑门一一对应的实体，例如，Altera 公司提供的 LMP 库。为了使用面向 ASIC 库，需要对库说明。

用户自定义库为用户所开发的设计单元的集合库，在使用该库时需要说明库名。所有被编译的元件都保存在设计库中。程序包通常也保存在设计库中。一个程序包中可以包含若干函数、过程、常量与类型等。在使用库时，除了 STD 和 WORK 库，其他库都需要说明，同时还需要说明库中的程序包名称和项目名称。这些库和包必须在 VHDL 顶部（即 ENTITY 前面）定义。

在 Quartus II 中存放 VHDL 程序文件的路径、存放包的 *.vhd 文件都可以看作库。关于自定义库的设计方法，在第 9 章元件有关内容中做了详细介绍，这里就不再详述了。

10.2 包

一组相关的过程、函数、元件等汇集在一起，组成一个包。包可以在 VHDL 模型中共享，包含用户定义的数据类型和约束。多个包合起来称为库，也就是说库是包的集合。包和库可视为函数、过程、元件和数据类型的容器。包提供了一种方便的机制，用于存储在不同 VHDL 程序中可共享的项，实现整个设计工程中信息的共享。所有程序包中定义的数据类型、常量和子程序都可以在将来的设计中再利用，只要在 VHDL 代码顶部用 USE 语句指定该程序包即可。

要建立一个包，需要设计两部分，分别为包的声明和包体定义。包的声明中主要是数据类型声明和子程序声明，包体中主要是对子程序定义。包的声明使用关键字 PACKAGE，语法如下：

```
PACKAGE package_name IS
    常数声明；
    数据类型声明；
    元件声明；
```

        子程序声明；
        信号声明；
    END PACKAGE(或 package_name);

包体用于存储函数和过程的定义或实现，通常是和包声明联系在一起的，主要包括子程序的实现代码。包体使用关键字 PACKAGE BODY 声明，语法如下：

    PACKAGE BODY package_name IS
        常数声明；
        类型声明；
        子程序体；
    END PACKAGE BODY;

包中的函数、过程、类型、元件、常量和数据类型等全都对外可见。包中的说明部分与 ENTITY 类似，指定哪些是对外可见的。其区别在于 ENTITY 中指定哪些信号在元件外部可用，而包的说明语句则指定哪些子程序、常量和数据类型在包外部可用。

包体中建立的内部子程序在程序包之外不可见，亦即不能在 VHDL 程序中使用包体内部的子程序。包体可以与元件的一个 Architecture 类比。Architecture 描述元件的行为，而包体描述中所说明的子程序的行为。下面以一个加法器为例说明包的定义方法。

例 10.1 在包中声明的加法器。

首先建立一个加法器 VHDL 实现文件，用于实现带进位加法，并输出加和以及进位值。加法器的位宽是可调的，这里使用类属实现。在设计中，A、B 表示两个加数，Cin 表示进位输入，Sum 表示同位宽的加和，Cout 表示进位输出。代码如下：

```
--元件文件名:myadd.vhd
LIBRARY IEEE;
USE IEEE.STD_LOGIC_1164.ALL;
USE IEEE.STD_LOGIC_ARITH.ALL;
USE IEEE.STD_LOGIC_UNSIGNED.ALL;

ENTITY myadd IS
    GENERIC(M: INTEGER :=4);
    PORT(A,B : in std_logic_vector(N-1 downto 0);
         Cin : in std_logic;
         Sum : out std_logic_vector(N-1 downto 0);
         Cout : out std_logic);
END myadd;

ARCHITECTURE behave OF myadd IS
signal atmp,btmp,stmp: std_logic_vector(N downto 0);
BEGIN
    atmp<='0'&A;
    btmp<='0'&B;
    stmp<=atmp+btmp;
```

```
        Sum<=stmp(N-1 downto 0);
        Cout<=stmp(N);
END behave;
--myadd.vhd结束
```

然后实现加法器的元件例化。这里以 2 位加法器为例来简单说明问题。在主程序中所在的文件中之间声明包即可,程序如下:

```
--主程序文件名:myaddm.vhd
LIBRARY IEEE;
USE IEEE.STD_LOGIC_1164.ALL;
PACKAGE mypack IS                               --PACKAGE 声明
  COMPONENT myadd                               --包中元件声明
    GENERIC(M: INTEGER :=4);
    PORT(A,B : in std_logic_vector(N-1 downto 0);
         Cin : in std_logic;
         Sum : out std_logic_vector(N-1 downto 0);
         Cout: out std_logic);
  END COMPONENT;
END mypack;                                     --PACKAGE 定义结束

USE WORK.mypack.all;
ENTITY myaddm IS
    GENERIC(M: INTEGER:=2);
    PORT(A,B : in std_logic_vector(N-1 downto 0);
         Cin : in std_logic;
         Sum : out std_logic_vector(N-1 downto 0);
         Cout : out std_logic);
END myaddm;

ARCHITECTURE behave OF myaddm IS
BEGIN
    U: myadd GENERIC MAP(M) PORT MAP(A,B,Cin,Sum,Cout);
END behave;
--myadd2.vhd结束
```

当然,也可以单独将包存入一个特定的文件,该文件名就是库名。例如,将包的定义做如下改动:

```
--库文件名:mylib.vhd
LIBRARY IEEE;
USE IEEE.STD_LOGIC_1164.ALL;
PACKAGE mypack IS                               --PACKAGE 声明
  COMPONENT myadd                               --包中元件声明
    GENERIC(M: INTEGER :=4);
    PORT(A,B : in std_logic_vector(N-1 downto 0);
```

```
            Cin : in std_logic;
            Sum : out std_logic_vector(N-1 downto 0);
            Cout : out std_logic);
    END COMPONENT;
END mypack;                         --PACKAGE 定义结束
--mylib.vhd 结束
```

然后修改文件 myadd2.vhd，代码如下：

```
--文件名 myaddm.vhd
LIBRARY IEEE;
USE IEEE.STD_LOGIC_1164.ALL;
LIBRARY mylib;                      --声明刚才存的文件 mylib 为库
USE mylib.mypack.all;               --使用 mylib 库中的包 mypack

ENTITY myaddm IS
    GENERIC(M: INTEGER:=2);
    PORT(A,B : in std_logic_vector(N-1 downto 0);
         Cin : in std_logic;
         Sum : out std_logic_vector(N-1 downto 0);
         Cout : out std_logic);
END myaddm;

ARCHITECTURE behave OF myaddm IS
BEGIN
    U: myadd GENERIC MAP(M) PORT MAP(A,B,Cin, Sum, Cout);
END behave;
--myadd2.vhd 结束
```

10.3 子程序

　　函数和过程是子程序，有些类似于进程，它们只执行顺序语句。但它们与进程有不同的执行方式。进程位于 Architecture 内，整个进程作为一个并行语句而执行，它有敏感表内的信号所触发；而子程序不同，它由上级函数调用触发。进程向只能在 Architecture 中声明或定义，而子程序可以在 PACKAGE、ENTITY、ARCHITECTURE 或 PROCESS 中构建。由于 PACKAGE 是最常用的，因此在设计中一般将其放入 PACKAGE 中。因为只有 PACKAGE 中的同一个子程序可以用在不同的设计中，建议所有子程序都在 PACKAGE 中定义。

　　子程序内部的 VHDL 代码是顺序的，在子程序内部只能用顺序语句，并行语句如 Process 和选择信号赋值语句不允许出现在子程序中。因而，PACKAGE 说明中子程序和 BEGIN 之间的说明也是顺序说明语句。这意味着在子程序内部只能说明变量，而不能说明信号。但是要注意，函数内部不允许使用顺序语句 WAIT。

　　VHDL 有两种类型的子程序，称为函数和过程。函数只产生一个值，而过程用来定义一个算法。过程可以产生多个值,或不产生值。

10.3.1 函数

函数是一段 VHDL 顺序代码,其主要目的是提供常见问题的解决方法,如数据类型转换、逻辑算术运算等。函数不能改变其参数,只能使用常量和信号类型的参数,而且信号参数的方式只能是 IN。如果不指定对象类型和方式,则假定为常量类型和方式 IN。它在 VHDL 程序中被某个表达式调用,使用 RETURN 语句产生一个返回值,其语法格式如下:

```
FUNCTION function_name(input_parameters)
RETURN data_type IS
   [声明部分];
BEGIN
顺序语句;
RETURN 声明名;
END [FUNCTION] [function_name];
```

函数使用 FUNCTION 关键字声明,使用 RETURN 关键字返回值或计算结果;以 BEGIN 开始函数体设计,以 END FUNCTION 或 END function_name 结束。其中,function_name 表示函数名,input_parameters 是输入参数列表,该列表中可以有任意数量个参数(包括零个),其模式都是 IN。参数列表中只能包含常量、信号和文件(不能使用变量)。函数通常需要返回一个参数值,其类型需要使用 RETURN 在函数头中指定。例如,下列语句检测上升沿的函数:

```
FUNCTION posedge(SIGNAL s: std_logic)
RETURN Boolean IS
BEGIN
   RETURN(s'EVENT and S='1');
END FUNCTION posedge;
```

函数一般定义在包中,将函数在 PACKAGE 中声明时,需要在 PACKAGE BODY 中实现,即先声明,后实现。例如:

```
PACKAGE mypkg IS
   --函数声明
   FUNCTION posedge(SIGNAL s: std_logic)RETURN Boolean;
END PACKAGE;

PACKAGE BODY mypkg IS
   --函数实现
   FUNCTION posedge(SIGNAL s: std_logic)RETURN Boolean IS
   BEGIN
      RETURN(s'event and s='1');
```

```
END FUNCTION posedge;
END PACKAGE BODY;
```

若函数定义在当前工程下的程序包 mypack 中,则该函数可以自由地用在设计的 Architecture 中,只需要在需要调用该函数的 VHDL 代码顶部写有语句"use work.mypack.all;"。通常函数调用是一个表达式的一部分,如上述函数的调用方式：

```
IF posedge(clk)THEN…
```

和 C/C++、MATLAB 程序一样,函数中在出现判断时允许有几个 RETURN 语句,但要求只有一个 RETURN 语句可被执行。事实上所有综合工具都支持过程和函数。某些简单的综合工具也许限制只能用一个 RETURN 语句,而且必须位于函数末尾。然而大多数综合工具支持多个 RETURN 语句。

在 VHDL 语言中,FUNCTION 语句只能计算数值,不能改变其参数的值,所以其参数的模式只能是 IN,通常可以省略不写。FUNCTION 的输入值由调用者复制到输入参数中,如果没有特别指定,在 FUNCTION 语句中按常数或信号处理。因此输入参数不能为变量类型。另外,由于 FUNCTION 的输入值由调用者复制到输入参数中,因此输入参数不能指定取值范围。

例 10.2 利用函数实现图 9.7 中的 8-1 选择器功能。

根据电路图,可见该电路由两个 4-1 选择器和一个 2-1 选择器组成,因此可以建立一个 4-1 和一个 2-1 选择器函数,并在程序中调用两次 4-1 选择器函数和一次 2-1 选择器函数,程序如下：

```
LIBRARY IEEE;
USE IEEE.STD_LOGIC_1164.ALL;

ENTITY mul81 IS
PORT(X : in   std_logic_vector(7 downto 0);
     S : in   std_logic_vector(2 downto 0);
     Y: out std_logic);

FUNCTION mul41(X : std_logic_vector(3 downto 0);
               S : std_logic_vector(1 downto 0)
              )RETURN std_logic IS
  variable F : std_logic;
BEGIN
  CASE S IS
    WHEN "00"=>F :=X(0);
    WHEN "01"=>F :=X(1);
    WHEN "10"=>F:=X(2);
    WHEN OTHERS=>F :=X(3);
  END CASE;
  RETURN F;
END mul41;
```

```
     FUNCTION mul21(X : std_logic_vector(1 downto 0);
                    S : std_logic
                   )RETURN std_logic IS
       variable F : std_logic;
     BEGIN
       CASE S IS
          WHEN '0'=>F :=X(0);
          WHEN OTHERS=>F:=X(1);
       END CASE;
       RETURN F;
     END mul21;
  END mul81;

  ARCHITECTURE behave OF mul81 IS
    signal midy : std_logic_vector(1 downto 0);
  BEGIN
    midy(0)<=mul41(X(3 downto 0),S(1 downto 0));
    midy(1)<=mul41(X(7 downto 4),S(1 downto 0));
    Y<=mul21(midy,S(2));
  END behave;
```

例 10.3 使用 3 个 1-2 分路器可以实现一个 1-4 分路器。

原理图如图 10.2 所示。试设计一个 1-2 分路器函数,基于该图组成 1-4 分路器。

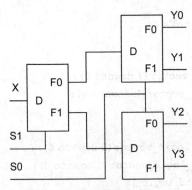

图 10.2 使用 3 个 1-2 分路器组成一个 1-4 分路器

将函数放在自定义包中,代码如下:

```
LIBRARY IEEE;
USE IEEE.STD_LOGIC_1164.ALL;

PACKAGE mypack IS
  FUNCTION div12(D :std_logic; S : std_logic)
        RETURN std_logic_vector;
END PACKAGE;
```

```
PACKAGE BODY mypack IS
  FUNCTION div12(D :std_logic; S : std_logic)
           RETURN std_logic_vector IS
    variable F : std_logic_vector(1 downto 0);
    BEGIN
      CASE S IS
        WHEN '0'=>F<='0'&D;
        WHEN OTHERS=>F<=D&'0';
      END CASE;
      RETURN F;
  END div12;
END PACKAGE BODY;

USE WORK.mypack.all;
ENTITY div14 IS
PORT(D,S1,S0 : in std_logic;
     Y : out std_logic_vector(3 downto 0));
END div14;

ARCHITECTURE behave OF div14 IS
signal F : std_logic_vector(1 downto 0);
BEGIN
    F<=div12(D,S1);
    Y(1 downto 0)<=div12(F(0), S0);
    Y(3 downto 2)<=div12(F(1), S0);
END behave;
```

10.3.2 过程

过程与函数的使用目的相似,也是希望将其功能实现的代码被共享和重用,使主代码简洁并易于理解。过程通常用来定义一个算法,而函数用来产生一个具有特定意义的值;过程与函数的主要差别就是过程可以有多个返回值。过程的使用过程与函数一样,都是先定义、实现,再调用。过程定义语法如下:

```
PROCEDURE procedure_name(mode_parameters)IS
  [声明部分]
BEGIN
顺序语句;
END [PROCEDURE ] [procedure_name];
```

其中,PROCEDURE、IS、BEGIN、END PROCEDURE 为关键字,在结束时的 END PROCEDURE 中的关键字 PROCEDURE 可忽略。procedure_name 是过程名,mode_ parameters 是模式参数列表。

过程可以改变其模式参数。它的模式参数列表中接受常量、变量和信号作为对象。模式参数可以有 3 种不同的方式：in、out 和 inout。如果没有指定方式，则默认为 in。如果方式为 out 和 inout，则该参数可以为变量或信号。如果对象类型未指定，根据其方式（in、out、inout）决定是变量还是常量，若为输入方式则默认为常量，若为输出方式或 inout 方式则默认为变量。变量参数不允许出现在并行过程调用中。

与进程、函数相同的是，过程结构中的语句也是顺序执行的。调用者在调用过程前应先将初始值传递给过程的输入参数，然后启动过程调用语句，按顺序自上至下执行过程结构中的语句，执行结束，将输出值复制到调用者指定的变量或信号中。过程内部可使用 WAIT 语句，并能进行信号声明和元件例化，但这都是不可综合的。特别需要注意的是，一个可综合的过程内部不能包含或隐含寄存器。

函数和过程都是顺序代码，因此内部只能使用顺序语句。两者都可以在 PACKAGE 中定义，定义方式类似。和函数调用一样，过程调用也可以在任何地方调用。不同的是，函数是作为表达式的一部分，而过程则是单独调用。例如，过程声明和定义如下：

```
PROCEDURE proc_example(a: in bit;
signal b, c: in bit;
signal x: out bit_vector(7 downto 0);
signal y: inout integer range 0 to 99)   IS
BEGIN
...
END proc_example
```

过程作为独立的语句被调用。例如，上述过程调用方法可为

```
proc_example(in1, in2, in3, out1, out2);
```

也可在其他语句中调用，例如：

```
IF(a>b)THEN
    proc_example(in1, in2, in3, out1, out2);
END IF;
```

注意：过程调用时的参数列表数据类型、模式必须是一一对应的。

例 10.4 寻找两个输入信号中的最大最小值。

设计一过程 proc_maxmin，有两个输入信号，找到其中的最小值和最大值，并将最大最小值指示出来。该过程声明和实现有两种方式：一种方式是在主代码中将该过程声明和实现于 ARCHITECTURE 的声明部分；另一种方式是将该过程定义于某个包中。

第一种过程定义方式的程序如下：

```
--主程序文件名 proctest.vhd
LIBRARY IEEE;
USE IEEE.STD_LOGIC_1164.ALL;
```

```vhdl
ENTITY proctest IS
  GENERIC(limit: integer :=255);
  PORT(ena: in bit; inp1, inp2: in integer range 0 to limit;
  minout, maxout: out integer range 0 to limit);
END proctest;

ARCHITECTURE behave OF proctest IS
--过程声明
  PROCEDURE proc_maxmin(signal in1, in2: in integer range 0 to limit;
  signal min, max: out integer range 0 to limit)   IS
  BEGIN
    IF(in1>in2)THEN
      max<=in1;
      min<=in2;
    ELSE
      max<=in2;
      min<=in1;
    END IF;
  END proc_maxmin;                       --过程定义结束
--主程序 ARCHITECTURE 定义开始
BEGIN
PROCESS(ena)
BEGIN
IF(ena='1')THEN
proc_maxmin(inp1, inp2, minout, maxout);
END IF;
END PROCESS;
END proctest;
--procest.vhd 结束
```

注意：过程调用时输入模式列表中的参数名称可以不同，但顺序要一致。

第二种过程定义的方式程序如下：

```vhdl
--mylib.vhd,库文件
LIBRARY IEEE;
USE IEEE.STD_LOGIC_1164.ALL;

PACKAGE mypack IS
CONSTANT limit: integer :=255;
--过程 proc_maxmin 声明
PROCEDURE proc_maxmin(signal in1, in2: in integer range 0 to limit;
signal min, max: out integer range 0 to limit);
END PACKAGE;

PACKAGE BODY mypack IS
```

```
--过程 proc_maxmin 实现
PROCEDURE proc_maxmin(signal in1, in2: in integer range 0 to limit;
signal min, max: out integer range 0 to limit)is
BEGIN
IF(in1>in2)THEN max<=in1; min<=in2;
ELSE max<=in2; min<=in1;
END IF;
END proc_maxmin;
END PACKAGE;

--proctest.vhd 主程序
LIBRARY IEEE;
USE IEEE.STD_LOGIC_1164.ALL;
LIBRARY mylib;
USE mylib.mypack.all;
ENTITY proctest IS
GENERIC(limit: integer :=255);
PORT(ena: in bit;
inp1, inp2: in integer range 0 to limit;
minout, maxout: out integer range 0 to limit);
END proctest;

ARCHITECTURE behave OF proctest IS
BEGIN
PROCESS(ena)
BEGIN
IF(ena='1')   THEN
proc_maxmin(inp1, inp2, min_out, max_out);
END IF;
END PROCESS;
END behave;
```

例 10.5 使用过程实现例 10.3 中的 1-4 分路器。

这里设计一个 1-2 分路器的过程，通过调用该过程即可实现 1-4 分路器。程序如下：

```
LIBRARY IEEE;
USE IEEE.STD_LOGIC_1164.ALL;

ENTITY div14 IS
PORT(D,S1,S0 : in   std_logic;
     Y : out std_logic_vector(3 downto 0));
END div14;

ARCHITECTURE behave OF div14 IS
signal F : std_logic_vector(1 downto 0);
```

```
PROCEDURE div12(signal D: in std_logic;
                signal S : in std_logic;
                signal Y : out std_logic_vector(1 downto 0))IS
BEGIN
  CASE S IS
    WHEN '0'=>Y<='0'&D;
    WHEN OTHERS=>Y<=D&'0';
  END CASE;
END div12;
BEGIN
    div12(D,S1,F);
    div12(F(0),S0,Y(1 downto 0));
    div12(F(1),S0,Y(3 downto 2));
END behave;
```

10.4 过程、函数和进程讨论

10.4.1 子程序与进程

在使用目的上,进程可以直接在主代码中使用;而子程序一般在建库时使用,以便代码重用和代码共享。当然子程序也是可以在主代码中直接建立和使用的。

在使用方法上,子程序不能从结构体的其余部分直接读写信号,所有通信都是通过子程序的接口来完成的;进程可以直接读写结构体内的其他信号。另外,子程序中不允许使用 WAIT 语句。

每次调用子程序时,都要首先对其进行初始化,即一次执行结束后再调用需再次初始化。因此,子程序内部的值是不能保持的,而进程中的变量值是可保持的。由于在每次调用函数时,都要首先对其进行初始化,即一次执行结束后再调用需再次初始化,即函数内部的值是不能保持的,因此在函数中禁止进行信号声明和元件实例化。

进程是通过敏感表中的信号的变化而触发,子程序必须通过语句调用才会执行。子程序与进程之间的关系如图 10.3 所示。

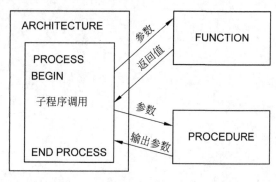

图 10.3 子程序与进程之间的关系

10.4.2 函数与过程

函数有零个或多个输入参数和一个返回值(需要 RETURN 语句),输入参数只能是常量(默认)或信号,不能被改变,不能是变量。

过程可以具有多个输入/输出/双向模式的参数,可以是信号、变量和常量。对输入模式的参数,默认的为常量(不可改变);对于输出和双向模式的参数,默认的为变量(可变)。过程没有返回值,只有输出模式列表中的信号,因此无须使用 RETURN 语句。

函数调用是作为表达式的一部分出现的,过程则可以直接调用;两者的存放位置相同。

VHDL 中的子程序与普通软件(如 C/C++、MATLAB 等)中子程序调用有显著区别。普通软件子程序调用增加处理时间;而 VHDL 中每调用一次子程序,其综合后都将对应一个相应的电路模块。子程序调用次数与综合后的电路规模成正比。因此在 VHDL 设计中应严格控制子程序调用次数。

思 考 题

1. 使用函数与过程的目的是什么?
2. 函数和过程如何声明与定义?
3. 子程序与进程有何区别与联系?

第 11 章　有限状态机

在 VHDL 语言中,有限状态机(FSM)是数字逻辑电路设计的核心部分,可以说是 VHDL 语言的精髓所在。FSM 克服了纯硬件数字系统顺序方式控制不灵活的缺点,易于构成性能良好的同步时序逻辑模块,能很好地消除毛刺现象。在高速运算与控制方面,FSM 更有其巨大优势。

FSM 分为 Moore 型和 Mealy 型两类。Moore 型 FSM 的输出仅与当前状态有关,而 Mealy 型 FSM 的输出除与当前状态有关外,还与当前输入信号有关。因此,两类 FSM 在编程过程中有些差异。在 VHDL 中,一个状态机可以由多个进程构成,一个结构体中可以包含多个状态机,而一个单独的状态机(或多个并行运行的状态机)以顺序方式所能完成的运算和控制方面的工作与一个 CPU 功能相似。

在 FSM 的设计过程中,状态控制信号的分类非常重要,它不仅决定了程序的条理性,还决定了所设计系统的有效性和可靠性。本书中将控制信号分两类:一类是强制状态控制信号;另一类是常规状态控制信号,将这两类信号放在不同的控制进程中,分别编程控制。本章就 FSM 的编程方法将做系统介绍。

11.1　FSM 的系统图和状态图

FSM 系统图描述了数据流和控制流在 FSM 系统中的流动过程以及状态转移过程,是编写状态图和程序的基础。典型的 FSM 系统图如图 11.1 所示。

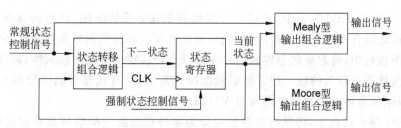

图 11.1　典型的 FSM 系统图

在状态图中,本书将控制信号分两类:一类是常规状态控制信号;另一类是强制状态控制信号。所谓常规状态控制信号,即不同状态转换过程中所公用的控制信号,在常规状态控制信号下,状态有规律地发生变化;而强制状态控制信号则是当该信号有效时,将当前状态直接控制到固定的状态,如复位、使能等。

状态转移组合逻辑是根据当前的状态和输入信号,依据状态图生成下一新状态,在时钟到达生效后经过寄存器输出为当前状态。状态寄存器用于存储当前状态,并根据强制状态转移信号生成固定的状态输出。

根据输出组合逻辑电路中的输入信号种类不同，FSM 分为 Moore 型和 Mealy 型状态机两种。在 Moore 型 FSM 中，其输出信号仅与当前状态有关系，因此每个状态对应一个确定的输出；而在 Mealy 型 FSM 中，其输出信号不仅和当前状态有关系，而且还与当前输入的常规状态控制信号有关。

状态图是在控制信号作用下为实现该系统功能而设计的状态转换过程，以及输入输出关系。不同类型的状态机，其状态图画法不同。图 11.2(a)和图 11.2(b)分别表示了 Moore 型 FSM 和 Mealy 型 FSM 的两个状态之间的局部状态转移图。

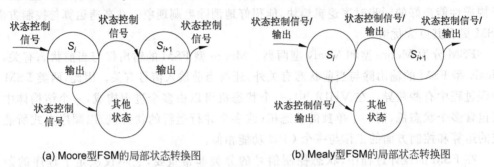

(a) Moore型FSM的局部状态转换图　　　(b) Mealy型FSM的局部状态转换图

图 11.2　FSM 的局部状态转换图示例

通过上述讨论，可见 FSM 的编程实际上就是描述 3 个进程，即状态转移进程，其输入是常规控制信号和当前状态，输出是下一新状态；状态寄存进程，其输入是时钟信号 CLK 和下一新状态，以及强制状态控制信号，输出是将下一新状态锁存为当前状态作为输出进程的输入。输出进程根据状态机种类的不同有不同的输入，然后根据状态图确定输出。

11.2　FSM 的编程框架

在 VHDL 的 FSM 编程中，采用三段式编程框架：系统框图、状态转移图和 VHDL 程序。编程之前首先画出系统框图，准确标示出常规状态控制信号和强制状态控制信号。在画系统图过程中，将常规状态控制信号作为状态转移组合逻辑的输入端，将强制状态控制信号作为状态寄存器的输入端。然后根据设计需求，结合状态控制信号画出状态转换图，最后根据状态转换图和系统图写出 VHDL 代码。

在 FSM 编程过程中，将状态控制信号分为常规和强制两类信号是非常必要的，它更符合电路设计过程中各功能模块"相互独立、各尽其责"的思想，避免电路设计复杂和串扰。从电路类型来讲，强制状态转换信号起作用后状态输出是固定的，而常规状态转换信号其作用后其状态输出还需要当前状态共同决定，因此状态转移进程结合状态锁存进程，实现了状态记忆和转移。在理论和实践上，将这两类信号分开，有助于概念上的理解和程序的编写。

在状态机的编写过程中，状态机的状态数据类型必须是枚举类型，而状态对象必须是信号类型的，以在系统中作为导线连接不同进程。

FSM 的编程方法有多种，有单进程、双进程和三进程的。单进程将整个系统图放在一个进程里面描述；双进程一般是将状态转移和状态寄存器放在一个进程，而将输出进程单独实现;而三进程描述方法则是将 3 个模块分别描述,不同进程之间使用状态信号相互通信。一般而言,单进程和双进程在状态控制信号比较少时,编程比较方便,但在控制信号较多时,不易调试。本书推荐使用三进程的编程方法,层次清晰,符合电路设计和表达习惯。

在状态转移进程中,使用 CASE 语句检查当前状态,使用 IF 语句产生下一状态。在输出进程中,对于 Moore 型状态机,若只有一个输出,可使用并行信号赋值语句(隐式进程)实现,若有多个输出,则需要使用 CASE 语句;对于 Mealy 型状态机,则使用 CASE 语句检查当前状态,使用 IF 语句结合输入信号判定输出结果。

11.3 Moore 型 FSM 设计

这里结合数字序列中的"10"信号检测为例讲述状态机的设计原理。设输入信号为 Din,Reset 为异步复位信号,目的是从串行输入序列 Din 中,当检测到"10"出现时,输出信号 Dout 置'1',否则 Dout 为'0',复位信号 Reset='0'时有效。

11.3.1 系统图设计

根据输入输出信号,画出其系统图,如图 11.3 所示。

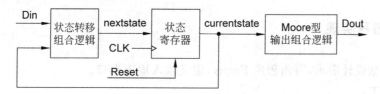

图 11.3 "10"检测器的系统图

这里将 Reset 设置为强制状态转移信号,当该信号为'0'时,强制转换到初始状态;Din 为常规状态控制信号,在不同的状态下,当 Din 为不同的值时,下一个状态亦不相同。

11.3.2 状态机描述

首先画出主状态转移过程。设初始状态为 S0,则 Reset 有效后,直接进入 S0 状态,输出为'0',如图 11.4(a)所示。在 S0 状态下,当 Din='1'时,则跳转到下一个状态 S1,输出为 0,如图 11.4(b)所示。在 S1 状态之下,当 Din='0'时,状态跳转到 S2 状态,输出为 1,此时检测到"01"信号,如图 11.4(c)所示,此时完成了主状态转移过程。

其次对每一个状态,根据检测要求画出在不同 Din 条件下的状态转移过程,称为辅状态转移过程。先看 S0 状态,在该状态下 Din='0'时,由于没有'1'出现,直接在该状态停滞,直到有 Din='1'出现,才转移到下一状态 S1。再看 S1 状态,在该状态下,如果 Din='1',则停滞在该状态,直到 Din='0'出现,才转移到下一状态 S2。此时已经探测到"10",输出置为"1"。最后看 S2 状态,在该状态下,若 Din='0',则等待检测下一个"10",从而跳转到 S0

状态,等待'1'的出现;在 S2 状态下,若 Din='1',则等待 Din='0'的出现,从而跳转到 S1 状态。最后根据设计需求画出完整的状态转移图,如图 11.4(d)所示。

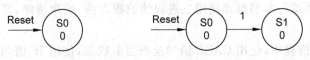

(a) 复位之后达到S0状态　　　　(b) Din<='1'时从S0 到达S1 状态

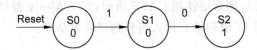

(c) 在S1状态,Din='0'时达到S2状态

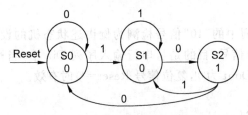

(d) "10"检测状态转移图

图 11.4　Moore 型 FSM"10"检测器状态转移图的绘制过程

11.3.3　编程实现

首先根据设计需求,写出程序 Entity,定义输入输出端口。
代码如下:

```
LIBRARY IEEE;
USE IEEE.STD_LOGIC_1164.ALL;
ENTITY detector10 IS
PORT(Din,CLK,Reset: in std_logic;
     Dout: out std_logic));
END detector10;
```

然后,根据系统图描写程序中用到的状态及信号,并写出主题框架:

```
ARCHITECTURE behave OF detector10 IS
TYPE state IS(S0,S1,S2);
signal currentstate, nextstate : state;
BEGIN
状态转移进程(Din, currentstate);
状态寄存进程(CLK,Reset);
输出进程(currentstate);
END behave;
```

根据状态转换图编写状态转移进程。这里使用 CASE 语句结合 IF…THEN…ELSE 语句实现,具体的实现过程如下:

```
state_trans: PROCESS(din,currentstate)
BEGIN
CASE currentstate IS
WHEN S0=>if Din='1' then nextstate<=S1; end if;
WHEN S1=>if Din='0' then nextstate<=S2; end if;
WHEN S2=>if Din='0' then nextstate<=S0;
        else nextstate<=S1; end if;
END CASE;
END PROCESS;
```

编写状态寄存进程,这里使用异步复位,实现代码如下:

```
state_latch: PROCESS(clk,reset)
BEGIN
IF Reset='0' THEN
   currentstate<=S0;
ELSE
   IF CLK'event and CLK='1' THEN
      currentstate<=nextstate;
   END IF;
END IF;
END PROCESS;
```

编写输出进程。该进程中,只有当前状态 currentstate=S2 时输出 Dout='1',其他状态全为'0',因此可使用选择信号赋值语句(实际上是一个隐式进程)实现,示例如下:

```
WITH currentstate SELECT
Dout>='1' WHEN S2,
     '0' WHEN OTHERS;
```

或者使用条件信号赋值语句:

```
Dout<='1' WHEN currentstate=S2 else '0';
```

将上述语句放在同一个 Architecture 之内,即可实现"10"检测器。

11.4 Mealy 型 FSM 设计

对于"10"检测器,其 Mealy 型 FSM 的系统图与图 11.3 类似,只不过输出组合逻辑输出端多了 Din。其状态转移图设计过程如下。Reset 信号复位后,进入 S0 状态,如图 11.5(a)所示。

在 S0 状态,若 Din='1',则进入 S1 状态,同时,输出为'0'。在 S1 状态,若 Din='0',则进入 S0 状态,同时输出为'1',实现了主状态转移过程,如图 11.5(b)所示。最后画出辅状

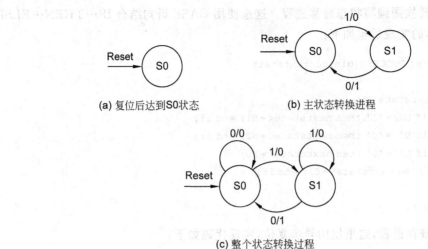

图 11.5 Mealy 型 FSM "10"检测器状态转移图的绘制过程

态转移进程,最终状态转移图如图 11.5(c)所示。

由图 11.5 可见,实现同样的功能,Mealy 型 FSM 比 Moore 型 FSM 少一个状态,因此描述起来相对简单。对于 Mealy 型 FSM,其状态转移进程可写为

```
state_trans: PROCESS(Din, currentstate)
BEGIN
CASE currentstate IS
WHEN S0=>if Din='1' then nextstate<=S1; end if;
WHEN S1=>if Din='0' then nextstate<=S0; end if;
END CASE;
END PROCESS;
```

由于输出与当前状态和当前输入有关,因此输出可写为

```
Dout<='1' WHEN currentstate=S1 and Din='0' ELSE '0';
```

在"10"状态机的设计基础上,读者可自行练习"10""11""00"状态机的画法,并进一步拓展到三位码的检测电路设计中,例如"110""101"检测等。根据前面的描述,"110"和"101"检测器的 Moore 型状态转换图如图 11.6 所示,Mealy 型状态转换图如图 11.7 所示。

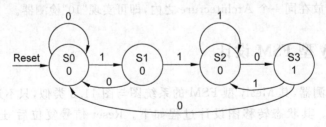

(a) "110"检测器

图 11.6 Moore 型检测器状态转移图

第 11 章 有限状态机

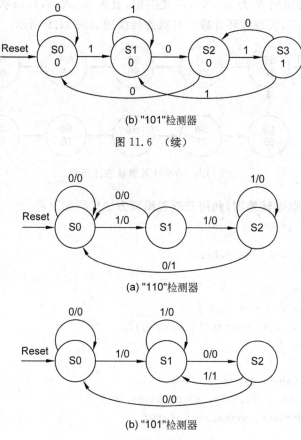

(b) "101"检测器

图 11.6 （续）

(a) "110"检测器

(b) "101"检测器

图 11.7 Mealy 型检测器状态转移图

11.5 综合设计

例 11.1 用状态机实现 0-9 计数器。

0-9 计数器的设计要求见例 8.8。由于该例是对时钟计数，因此在状态转移进程中没有常规控制信号。正是因为没有常规控制信号，因此，这里使用 Moore 型状态机实现，其系统图如图 11.8 所示。

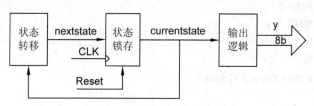

图 11.8 0-9 计数器系统图

根据计数原理，这里设置 10 个状态，分别表示为 S0～S9，S0 状态对应计数 0，驱动数码管时输出 Y 为 X"3F"，下一个时钟到达后，无条件从 S0 转到 S1 状态，S1 状态对应计

193

数1,驱动数码管时输出 Y 为 X"06",以此类推,直到 S9 状态,在该状态下,当时钟到达后,直接转到 S0 状态,实现循环计数。其状态转换图如图 11.9 所示。

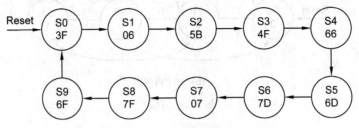

图 11.9　0-9 计数器状态转换图

根据系统图和状态转换图,利用三进程编程方法代码如下:

```
LIBRARY IEEE;
USE IEEE.STD_LOGIC_1164.ALL;

ENTITY counter09 IS
PORT(CLK,Reset : in std_logic;
     Y: out std_logic_vector(7 downto 0));
END counter09;

ARCHITECTURE behave OF counter09 IS
TYPE state IS(S0,S1,S2,S3,S4,S5,S6,S7,S8,S9);
SIGNAL currentstate, nextstate: state;
BEGIN
--状态转移进程(选择信号赋值语句,隐式进程)
WITH currentstate SELECT
nextstate<=S1 WHEN S0,
          S2 WHEN S1,
          S3 WHEN S2,
          S4 WHEN S3,
          S5 WHEN S4,
          S6 WHEN S5,
          S7 WHEN S6,
          S8 WHEN S7,
          S9 WHEN S8,
          S0 WHEN OTHERS;
--状态锁存进程
state_latch : PROCESS(CLK,Reset)
BEGIN
  IF Reset='0' THEN
    currentstate<=S0;
  ELSIF CLK'event and CLK='1' THEN
    currentstate<=nextstate;
```

```
        END IF;
    END PROCESS;
--输出进程(选择信号赋值语句,隐式进程)
    WITH currentstate SELECT
    Y<=X"3F" WHEN S0,
        X"06" WHEN S1,
        X"5B" WHEN S2,
        X"4F" WHEN S3,
        X"66" WHEN S4,
        X"6D" WHEN S5,
        X"7D" WHEN S6,
        X"07" WHEN S7,
        X"7F" WHEN S8,
        X"6F" WHEN S9,
        X"3F" WHEN OTHERS;
END behave;
```

可见使用状态机实现 0-9 计数器,没有用到算术运算。这只适用于小范围计数,若是大范围计数,如 0-99 计数,则定义 100 个状态不足取。但可利用两个 0-9 计数器串联的方法实现,见例 8.18。读者可自行使用状态机更改该例中的 0-9 计数器模块即可。

例 11.2 使用状态机实现换挡开关功能。

换挡开关的描述详见例 8.16。这里定义两个状态,分别是 S0 和 S1。在 S0 状态,输出 q 接通 i0,在 S1 状态输出 q 接通 i1。状态之间的转换受 a 控制。这里定义 a 是状态转换的常规控制信号。这里增加异步复位信号 Reset,使其初始状态为 S0,因此 Reset 在这里作为强制状态转换信号。采用 Moore 型状态机,其状态转移图如图 11.10 所示。

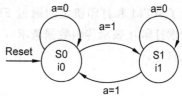

图 11.10 换挡开关状态转移图

根据状态转移图,程序编写如下:

```
LIBRARY IEEE;
USE IEEE.STD_LOGIC_1164.ALL;
USE IEEE.STD_LOGIC_ARITH.ALL;

ENTITY ctrlswitch IS
PORT(i0,i1,a: in std_logic;
     q: out std_logic);
END valtest;

ARCHITECTURE behave OF ctrlswitch IS
type state is(s0,s1);
signal currentstate, nextstate : state;
BEGIN
  state_latch : PROCESS(CLK,Reset)
```

```
      BEGIN
        IF Reset='0' THEN
          currentstate<=S0;
        ELSIF CLK'event and CLK='1' THEN
          currentstate<=nextstate;
        END IF;
      END PROCESS;
      state_trans : PROCESS(currentstate,a)
      BEGIN
        CASE currentstate IS
          WHEN S0=>IF a='1' THEN
                     nextstate<=S1;
                   END IF;
          WHEN S1=>IF a='1' THEN
                     nextstate<=S0;
                   END IF;
        END CASE;
      END PROCESS;
        q<=i0 WHEN currentstate=S0 ELSE
            i1;
```

例 11.3 自助柜员机握手信号的设计。

自助柜员机(ATM)的握手和接口信号通常在 FPGA 中使用 FSM 实现,图 11.11 展示了 ATM 和打印机之间通过 FPGA 的接口示意图。其中,CLK 表示系统时钟,q 表示请求打印,t 表示传输数据请求,r 表示准备接收数据,b 表示接收缓冲器满,s 表示让打印机自检。

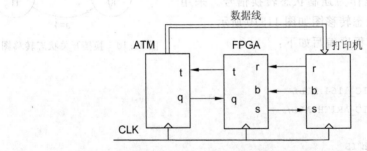

图 11.11 FPGA 与 ATM 和打印机之间的接口

FPGA 的工作时序如下。

(1) 当 ATM 需要打印时,发出请求信号 q,置 q 为 1。

(2) FPGA 接收到 q 为高电平以后,通过将 s 置 1,令打印机自检。

(3) 自检完成后,打印机返回准备接收信号 r 置 1。

(4) FPGA 判断 r 为 1 以后,将传输数据信号 t 置 1,它告诉 ATM 可以向打印机传递数据;在传递数据期间,ATM 保持 q 为 1,传输完毕后,q 置 0,且打印机将 r 置 0。

(5) 打印机有一个接收缓冲器满信号 b。当打印机内部的数据缓冲器满时,会向

FPGA发出b信号置1,它告诉FPGA:当前打印机中的缓冲器已满,须停止发送数据,直到打印机将缓冲器中的数据全部处理完毕,才可接收新数据。在这种情况下,ATM必须等待,直到b置0。

(6) 在打印机缓冲器清除期间,若r为0,说明打印机不能接收数据,控制器必须到自检状态,直到r重新置1。

根据上述工作时序,FPGA内状态机的状态转换图如图11.12所示。FPGA加点后进入空闲状态(idle),此时输出信号t、s都是'0'。当q='1'时,ATM请求打印,进入自检(selftest)状态;在自检状态下,s=1,t=0,令打印机自检,若q保持为'1',r为'0',表示打印机自检尚未完成,控制器就一直停留在自检状态;若在自检状态下,r被置为'1',表示自检成功,允许传输数据,则控制器就进入传输状态(transmit),此时输出t为'1',并让打印机停止自检,s置为'0';在传输状态下,若b为'0',表示打印机缓冲器未满,可持续传输,因此控制器停留在传输状态,若检测到b='1',即打印机发出缓冲器满信号,则将t置为'0',告诉ATM不要再传输数据,控制器进入等待状态(waiting);在等待状态下,若r为'0',则打印机出现状况没有准备好,则进入自检状态进行自检,直到故障排除r被置为'1'。需要说明的是,在上述状态转换时,q需一直为'1',即表示有数据传输请求,若q置为'0',则表示ATM不再请求打印,控制器则直接跳到空闲状态,因此可视q为强制状态转移信号,r、b为常规状态转移信号,FPGA控制器系统图如图11.13所示。

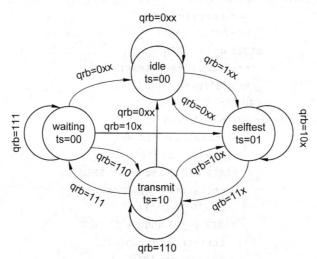

图11.12 FPGA控制器状态转换图

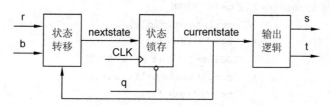

图11.13 FPGA控制器系统图

这里分别以单进程和三进程方法描述该控制器，读者可细细体会两者之间的差异。代码如下：

```vhdl
LIBRARY IEEE;
USE IEEE.STD_LOGIC_1164.ALL;

ENTITY atmcontroller IS
PORT(r,b,q,CLK : in  std_logic;
           s,t : out std_logic);
END atmcontroller;

ARCHITECTURE singleproc OF atmcontroller IS
type state is(idle,selftest,transmit,waiting);
signal ctrlstate : state;
BEGIN
  PROCESS(CLK)
  BEGIN
    IF CLK'event and CLK='1' THEN
      CASE ctrlstate IS
        WHEN idle=>IF q='0' THEN
                      ctrlstate<=idle;
                      t<='0';s<='0';
                   ELSIF q='1' THEN
                      ctrlstate<=selftest;
                      t<='0';s<='1';
                   END IF;
        WHEN selftest=>IF q='0' THEN
                         ctrlstate<=idle;
                         t<='0'; s<='0';
                       ELSIF q='1' and r='0' THEN
                         ctrlstate<=selftest;
                         t<='0';s<='1';
                       ELSIF q='1' and r='1' THEN
                         ctrlstate<=transmit;
                         t<='1';s<='0';
                       END IF;
        WHEN transmit=>IF q='0' THEN
                         ctrlstate<=idle;
                         t<='0';s<='0';
                       ELSIF q='1' and r='0' THEN
                         ctrlstate<=selftest;
                         t<='0';s<='1';
                       ELSIF q='1' and r='1' THEN
                         IF b='0' THEN
                           ctrlstate<=transmit;
```

```
                            t<='1'; s<='0';
                          ELSE
                            ctrlstate<=waiting;
                            t<='0';s<='0';
                          END IF;
                        END IF;
        WHEN waiting=>IF q='0' THEN
                        ctrlstate<=idle;
                        t<='0';s<='0';
                      ELSIF q='1' and r='0' THEN
                        ctrlstate<=selftest;
                        t<='0';s<='1';
                      ELSIF q='1' and r='1' THEN
                        IF b='0' THEN
                          ctrlstate<=transmit;
                          t<='1';s<='0';
                        ELSE
                          ctrlstate<=waiting;
                          t<='0';s<='0';
                        END IF;
                      END IF;
        WHEN OTHERS=>ctrlstate<=idle;
                     t<='0';s<='0';
      END CASE;
    END IF;
  END PROCESS;
END singleproc;
```

三进程 Architecture 描述如下:

```
ARCHITECTURE threeproc OF atmcontroller IS
  type state is(idle,selftest,transmit,waiting);
  signal currentstate,nextstate : state;
BEGIN
  state_trans : PROCESS(r,b,currentstate)
  BEGIN
    CASE currentstate IS
      WHEN idle=>nextstate<=selftest;
      WHEN selftest=>IF r='1' then
                       nextstate<=transmit;
                     END IF;
      WHEN transmit=>IF r='1' and b='1' THEN
                       nextstate<=waiting;
                     ELSIF r='0' THEN
                       nextstate<=selftest;
```

```
                    END IF;
      WHEN waiting=>IF r='0' THEN
                      nextstate<=selftest;
                   ELSIF r='1' and b='0' THEN
                      nextstate<=transmit;
                   END IF;
      WHEN OTHERS=>nextstate<=idle;
    END CASE;
  END PROCESS;

  state_latch : PROCESS(CLK)
  BEGIN
    IF CLK'event and CLK='1' THEN
       IF q='0' THEN
         currentstate<=idle;
       ELSE
         currentstate<=nextstate;
       END IF;
    END IF;
  END PROCESS;

  output_proc : PROCESS(currentstate)
  BEGIN
    CASE currentstate IS
      WHEN selftest=>
          t<='0';s<='1';
      WHEN transmit=>
          t<='1';s<='0';
      WHEN OTHERS=>
          t<='0';s<='0';
    END CASE;
  END PROCESS;
END threeproc;
```

可见单进程描述思路不如三进程清晰,而且在描述输出时有相当多的重复。

11.6 FSM 中的问题

状态机通常包含主控时序进程、主控组合进程和辅助进程3个部分。其中,主控组合进程的任务是根据外部输入的控制信号和当前状态的状态值确定下一状态的取向,并确定对外输出内容和对内部其他组合或时序进程输出控制信号的内容。一方面,由于有组合逻辑进程的存在,状态机输出信号会出现竞争冒险现象;另一方面,如果状态信号是多位值的,则在电路中对应了多条信号线。由于存在传输延迟,各信号线上的值发生改变的时间则存在先后，从而使得状态迁移时在初始状态和目的状态之间出现临时状态——毛刺。

消除状态机输出信号的竞争冒险一般可采用 3 种方案。

(1) 调整状态编码，使相邻状态间只有 1 位信号改变，从而消除竞争冒险的发生条件，避免了毛刺的产生。常采用的编码方式为格雷码。它适用于顺序迁移的状态机。

(2) 在有限状态机的基础上采用时钟同步信号，即把时钟信号引入组合进程。状态机每一个输出信号都经过附加的输出寄存器，并由时钟信号同步，因而保证了输出信号没有毛刺。这种方法存在一些弊端：由于增加了输出寄存器，硬件开销增大，这对于一些寄存器资源较少的目标芯片是不利的；从状态机的状态位到达输出需要经过两级组合逻辑，这就限制了系统时钟的最高工作频率；由于时钟信号将输出加载到附加的寄存器上，所以在输出端得到信号值的时间要比状态的变化延时一个时钟周期。

(3) 直接把状态机的状态码作为输出信号，即采用状态码直接输出型状态机，使状态和输出信号一致，使得输出译码电路被优化掉了，因此不会出现竞争冒险。这种方案，占用芯片资源少，信号与状态变化同步，因此速度快，是一种较优方案。但在设计过程中对状态编码时可能增加状态向量，出现多余状态。虽然可用 CASE 语句中 WHEN OTHERS 来安排多余状态，但有时难以有效控制多余状态，运行时可能会出现难以预料的情况。因此它适用于状态机输出信号较少的场合。

思 考 题

1. 有限状态机有几类？试分别画出其系统图。
2. 为什么要将强制状态控制信号和常规状态控制信号分开？如何区分这两类信号？
3. 试简述有限状态机编程的三段式方法。
4. 试分别画出检测"010"和"1011"信号的状态转移图，并使用 VHDL 语言实现。
5. 试使用状态机实现 T 触发器。
6. 试编写图 11.14 所示的有限状态机程序，其中符号 X 表示其他输入值。

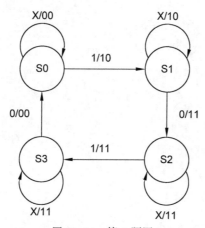

图 11.14　第 6 题图

附录 A VHDL 中的保留字

abs	access	after	alias	all	and
architecture	array	assert	attribute	begin	block
body	buffer	bus	case	component	configuration
constant	disconnect	downto	else	elsif	end
entity	exit	file	for	function	generate
generic	group	guarded	if	impure	in
inertial	inout	is	label	library	linkage
literal	loop	map	mod	nand	new
next	nor	not	null	of	on
open	or	others	out	package	port
postponed	procedure	process	pure	range	record
register	reject	rem	report	return	rol
ror	select	severity	signal	shared	sla
sll	sra	srl	subtype	then	to
transport	type	unaffected	units	until	use
variable	wait	when	while	with	xnor
xor					

附录 B 缩　略　语

ASIC	Application Specific Integrated Circuits	专用集成电路
CAD	Computer Aided Design	计算机辅助设计
CAE	Computer Aided Engineering	计算机辅助工程
CFB	Configurable Function Block	可配置功能块
CLB	Configurable Logic Block	可配置逻辑块
CMOS	Complementary Metal Oxide Semiconductor	互补型金属氧化物半导体
CPLD	Complex Programmable Logic Device	复杂可编程逻辑器件
EDA	Electronic Design Automation	电子设计自动化
EG	Equivalent Gate	等效门
FGT	Floating Gate Transistor	浮栅晶体管
FPD	Field Programmable Device	现场可编程器件
FPGA	Field Programmable Gate Arrays	现场可编程门阵列
FSM	Finite State Machine	有限状态机
LAB	Logic Array Block	逻辑阵列块
LB	Logic Block	逻辑块
LE	Logic Element	逻辑单元
LUT	Look-Up Table	查找表
MOS	Metal Oxide Semiconductor	金属氧化物半导体
PAL	Programmable Array Logic	可编程阵列逻辑
PDN	Pull-Down Network	下拉网络
PIA	Programmable Interconnect Array	可编程互连阵列
PLA	Programmable Logic Array	可编程逻辑阵列
PLD	Programmable Logic Device	可编程逻辑器件
PROM	Programmable Read Only Memory	可编程只读存储器
PUN	Pull-Up Network	上拉网络
SPLD	Simple Programmable Logic Device	简单可编程逻辑器件
SRAM	Static Random Access Memory	静态随机访问存储器
VHDL	VHSIC Hardware Description Language	VHSIC 硬件描述语言
VHSIC	Very High Speed Integrated Circuits	非常高速的集成电路

参 考 文 献

[1] Sjoholm S Lindh L. 用 VHDL 设计电子线路[M]. 边计年,薛宏熙,译. 北京:清华大学出版社, 2000.
[2] 刘绍汉,林灶生,刘新民. VHDL 芯片设计[M]. 北京:清华大学出版社,2004.
[3] Brown S,Vranesic Z. 数字逻辑基础与 VHDL 设计[M].3 版. 伍微,译. 北京:清华大学出版社, 2011.
[4] 王诚,吴继华,范丽珍. Altera FPGA/CPLD 设计(基础篇)[M]. 北京:人民邮电出版社,2005.
[5] 徐惠民,安德宁. 数字逻辑设计与 VHDL 描述[M]. 北京:机械工业出版社,2012.
[6] 褚振勇,翁木云,高楷娟. FPGA 设计及应用(第三版)[M]. 西安:西安电子科技大学出版社,2012.
[7] Kleitz W. Digital Electronics - A Practical Approach With VHDL[M]. Ninth Edition. Pearson, Boston, USA, 2012.
[8] Brown S, Rose J. FPGA and CPLD Architectures:A tutorial[J]. IEEE Design and Test of Computers, 1996, 13(2):42-57.
[9] 吕高焕,杨亮,邓冠龙. VHDL 中的有限状态机教学方法研究[J]. 电气电子教学学报,2016,37 (6):64-67.